2024년 새로운 출제규정에 따른
치유농업사 2급 2차시험 문제집

필승
치유농업사
500제

조록환·전성군·김학성

한문화사

최근 몸과 마음의 건강을 보살피는 치유농업에 대한 국민들의 관심이 높아짐에 따라 매년 발전되고 있다. 웰니스 관광과 연계된 많은 민간자격증이 생겨나면서 국가기관도 공인 국가자격증 제도를 시행하고 있다. 이에 '치유'라는 트랜드로 향후 전망이 밝은 웰니스 관광에서 국가자격증화된 치유농업사가 있다. 치유농업사란 다양한 농업·농촌자원을 활용한 활동을 통해 사회적 또는 경제적 부가가치를 창출하는 치유농업에 관한 프로그램 개발 및 실행 등 업무를 수행하는 자를 말한다.

이렇게 주목받고 있는 치유농업사는 '농업 활동을 통해 심신이 불편한 사람들의 정신적·신체적 건강을 증진하는 업무'를 하는 이를 뜻한다. 이를 위해 다양한 농업 활동을 구상하고 실행하는 능력을 갖추는 것이 필수다. 자격시험에 응시하려면 전국에 지정된 양성기관 18곳에서 관련 교육을 받아야 한다. 자격증을 따면 우리나라 어디에서나 치유농업 전문가로 활동할 수 있다.

치유농업사 전문과정은 총 142시간으로 치유농업 개론, 치유서비스의 대상자 진단, 치유농업 자원의 관리, 치유프로그램의 기획 및 개발·평가 등 치유농업사의 역할과 실무 내용으로 구성돼 있다. 치유농업사 자격증 시험 응시에 필수 요건으로 교육 수료자에 한해 시험에 응시할 수 있는 자격이 주어지게 된다.

금년도 시험응시는 8월 8일부터 8월 14일까지 '2024년 2급 치유농업사 국가전문자격시험' 신청서를 접수하면 된다. 객관식인 1차 시험은 9월 7일, 주관식으로 출제되는 2차 시험은 11월 2일 치러진다. 시험과목은 ▷치유농업과 치유농업 서비스의 이해 ▷치유농업 자원의 이해와 관리 ▷치유농업 서비스의 운영과 관리(이상 1차) ▷치유농업의 운영 실무(2차) 등이다.

또한, 치유농업법 시행령 개정에 따른 제2차 시험의 형태 변경, 시험 출제 수의 조정 등 변경사항에 대해서도 공지했다. 이에 따라 치유농업사 500은 좋은 문제를 수록하기 위해 모듈별로 전문화된 집필진의 자문을 받아 꼼꼼하게 검토하였다. 또한 시험에 대비할 수 있도록 최근 3년간 출제된 모든 문제 유형과 금년도 변경된 사항을 세심하게 분석하여 문제를 개발했다. 그리하여 실제 시험과 비슷한 유형의 적중도 높은 문제를 개발하여 가독성 높은 책을 만들고자 하였다.

모쪼록 이 도서가 치유농업사 2급자격증 2차시험 대비를 위한 최적의 교재가 되었으면 한다. 그리고 이 책을 스터디 하는 수험생 여러분도 모두 합격을 통해서 치유농업 미래의 교두보를 마련하길 진심으로 기원합니다.

2024년 8월 31일(양) 저자 일동

목 차

서 문

1장. 단답형 문제 (문제당 4점)

2장. 단순서술형 (문제당 8점)

3장. 장문서술형 (문제당 16점)

4장. 실전 모의고사

1장

단답형 문제
(문제당 4점)

1. 제1권 100문제

2. 제2권 100문제

3. 제3권 100문제

4. 융합형 80문제

1장 단답형 문제 (문제당 4점)

1. 제1권 100문제

【문제1】 치유농업법 제2조에 게재된 치유농업 정의 중 아래 빈칸에 들어갈 단어는?

> "치유농업"이란 국민의 건강회복 및 유지·증진을 도모하기 위하여 이용되는 다양한 농업·농촌 자원의 활용과 이와 관련한 활동을 통해 (   ) 또는 (   ) 부가가치를 창출하는 산업을 말한다.
>
> 정답 :

【문제2】 치유농업의 가치평가 방법 중 직접적 편익 추정 방법으로서 가치평가의 과대 추정을 예방하는데 적합한 편익 추정 방법은?

> 정답 :

【문제3】 치유농업사 소진에 대한 용어를 정의하시오.

> 정답 :

【문제4】 치유농업법 제2조(정의)에서 사용하는 용어에 대한 정의 중 아래의 빈칸에 들어갈 말은?

"치유농업시설" 이란 치유농업과 관련된 활동을 할 수 있도록 이용자의 (　　　)와 (　　　)을 고려하여 적합하게 조성한 시설(장비를 포함한다)을 말한다.

정답 :

【문제5】 인체를 구성하는 4대 기본 조직을 쓰시오.

정답 :

【문제6】 프로이트가 주장한 인간의 세가지 성격 체계를 쓰시오.

정답 :

【문제7】 심리적 방어 기제와 관련된 용어를 바르게 예시한 것을 모두 기호로 쓰시오.

가. 퇴행(regression) : 동생을 본 아동이 나이에 어울리지 않게 응석을 부리는 것
나. 투사(projection) : 자기가 화가 나 있는 것은 의식하지 못하고 상대방이 자기에게 화를 냈다고 생각하는 것
다. 승화(sublimation) : 우울한 감정을 예술작품으로, 공격적 충동을 정육점이나 외과의사라는 직업 선택으로 이어지는 것
라. 보상(compensation) : 동대문에서 뺨 맞고 서대문에서 화풀이 한다.

정답 :

【문제8】 매슬로우(Maslow)의 욕구단계이론 중 2단계 욕구에 해당 되는 것은?

정답 :

【문제9】 다음 예시를 매슬로우(Maslow)의 욕구 5단계설에 대응하여 순서대로
바르게 나열하시오.

> 가. 정원은 신선한 공기, 햇볕, 신선하고 양분이 듬뿍 든 음식물을 제공한다.
> 나. 정원은 심리적으로 긴장을 완화시켜 스트레스를 경감시키는 경관을 제공함으로써,
> 치유농업서비스 대상에게 안정감과 편안함을 느끼게 할 수 있을 것이다.
> 다. 치유농업 활동을 통하여 다른 사람과 경험을 나누고, 농작물에 대한 애정이
> 길러지면 그들에 대한 책임감과 필요성을 느낄 수 있다.
> 라. 정원을 포함한 농업활동은 아름다움을 감상하고 식물의 생장사를 간접적으로
> 경험할 수 있으며 식물과 동물을 돌보는 과정에서 인간 삶의 과정을 이해하고
> 알아가는 지각을 가질 수 있다.
> 마. 정원을 포함한 농업활동은 개인적인 목표를 성취하는 것을 도우며, 일에 대한
> 피드백을 제공함으로써 스스로와 동료에 대한 존중을 획득할 수 있는 기회를
> 줄 수 있다.
>
> 정답 :

【문제10】 다음에서 설명하는 개념으로 알맞은 것은?

> (   )은(는) 개인의 필요성과 공공 지출 감소의 관점에서 사회·보건 서비스를 강화
> 하기 위해 농업(식물과 동물)과 농장의 자원을 사용하는 것이다.
>
> 정답 :

【문제11】 다음은 치유농업의 효과를 설명한 것이다.
설명하는 개념으로 적절한 것은?

> 치유농업의 직접적인 효과에 해당하는 내용으로 치유농업의 목적 유형과 상통한다.
> 치유농업의 목적 유형은 (   ), (   ), (   )로 구분할 수 있다.
>
> 정답 :

【문제12】 치유농업사 2급이 할 수 있는 전문적인 업무에 해당하는 것을
모두 선택하시오?

가. 치유농업 프로그램의 개발 및 실행
나. 치유농업서비스의 운영 및 관리
다. 치유농업서비스의 기획 및 경영
라. 치유농업 분야의 교육 및 관리
마. 치유농업자원과 치유농업시설의 운영과 관리

정답 :

【문제13】 아래의 빈칸에 맞는 기간 또는 시간을 쓰시오.

가. 농촌진흥청장은 치유농업사 자격시험을 실시하려는 경우에는 시험일 (　　)일
전까지 시험일시, 시험장소, 응시원서 제출기간 그 밖에 시험에 필요한 사항을
농촌진흥청 인터넷 홈페이지에 공고해야 한다.
나. 치유농업사의 안전·위생의 교육시간은 연간 (　　)시간 이상으로 한다.

정답 :

【문제14】 다음은 어느 나라의 치유농업 정책에 관한 내용인가?

가. 치유농업이 국민건강보험과 연계
나. 치유농업 관련 협회에 대한 국가지원, 질 관리체계(치유농장주 협회 등)
다. 치유농업법 제정
라. 치유농업 연구 프로젝트 등

정답 :

【문제15】 다음은 치유농업 서비스의 목적유형을 3가지로 구분하시오.

정답 :

【문제16】 아래 예시 중 치유농업에 대하여 바르게 설명한 것을 모두 기호로 쓰시오.

가. 신체적·정신적 건강 및 사회적 관계개선 효과가 있다.
나. 녹색식물을 통해 안정감과 신뢰감이 증가한다.
다. 반복 프로그램을 통하여 효과가 신속히 나타난다.
라. 질병 자체의 치료보다는 주로 개인의 대처능력 강화에 초점을 맞춘다.
마. 농장에서 이루어지므로 유관기관과의 협력은 중요하지 않다.
바. 우리나라의 치유농업은 주로 영리를 목적으로 한다.

정답 :

【문제17】 아래 예시 중 치유농업과 사회적 농업, 도시농업을 바르게 설명한 것을 모두 기호로 쓰시오.

가. 치유농업의 주요 대상은 장애인, 고령자 등 사회적 약자이다.
나. 사회적 농업은 사회적 약자를 대상으로 영리목적으로 운영한다.
다. 치유농업자원에는 동식물과 농촌 경관뿐만 아니라 농촌 문화도 포함된다.
라. 치유농업의 사회적 관계증진효과는 참여자가 많을수록 효과적이다.
마. 도시농업 프로그램으로도 치유농업의 목적을 달성할 수 있다.

정답 :

【문제18】 우리나라 치유농업의 세 가지 시설유형을 쓰시오.

정답 :

【문제19】 한국형 치유농업 운영 프로세스를 순서대로 열거하시오.

정답 :

【문제20】 심리적·사회적·신체적 건강을 회복하고 증진시키기 위하여 치유농업자원, 치유농업시설 등을 이용하여 교육을 하거나 설계한 프로그램을 체계적으로 수행하는 것을 무엇이라 하는가?

정답 :

【문제21】 다음은 어느 나라의 치유농업을 설명하는 내용인가?

가. 치유농업 관련 기관, 위원회, 전문가로 구성된 파트너십을 구축하여 치유농장을 운영하는데 필요한 기반 시설에 대한 지원 실시
나. 사회적 치유 서비스, 정신건강 프로그램, 교육 및 보호관찰 프로그램 등을 추천기관을 통해 제공

정답 :

【문제22】 프로이드의 정신성적 발달 단계를 설명한 것이다. 잘못된 것을 바로잡으시오.

가. 구강기 - 출생~1세 / 리비도가 입과 구강 부위 등에 집중
나. 항문기 - 1~3세 / 유아는 배변을 참거나 배설하면서 긴장감과 배설의 쾌감을 경험한다.
다. 남근기 - 3~6세 / 리비도가 항문에서 성기로 바뀌며, 이성 부모에 대한 관심과 갈등이 성인기에 겪에 되는 신경증을 유발하는 중요 원인
라. 생식기 - 6~사춘기 이전 / 오이디푸스 콤플렉스를 성공적으로 해결한 아동은 성적충동의 폭풍기가 지나면서 비교적 평온한 시기인 생식기에 들어선다.

정답 :

【문제23】 매슬로우 욕구위계의 단계 설명이다. 옳지 않은 것을 바로잡으시오.

가. 1단계 : 육체 및 생리적 욕구   나. 2단계 : 안전의 욕구
다. 3단계 : 자기 존중의 욕구   라. 5단계 : 자아실현의 욕구

정답 :

【문제24】 장애인 지역사회 재활시설 중에서 시각장애인에게 점자간행물 및 녹음서를 열람하게 하는 시설을 무엇이라 하는가?

정답 :

【문제25】 스키너의 행동수정이론 중 다음 설명에 맞는 원리는?

바람직한 행동을 여러 단계로 나누어 강화함으로써 점진적으로 바람직한 행동에 접근하도록 유도하는 방법이다. 교사가 아동의 분주한 행동에는 무관심한 반응을 보이고, 교사의 설명에 주의를 기울일 때 반드시 관심 또는 칭찬을 보임으로써 점차 바람직한 행동으로 유도하는 것을 그 예로 들 수 있다.

정답 :

【문제26】 개체가 자신의 욕구나 감정, 신체, 감각, 행동이 서로 분리된게 아니라 하나의 의미있는 전체로 조직화하여 자각하는 것으로 보고 인간과 환경 사이의 통합에 대한 개인적 자각을 중요시하는 이론은?

정답 :

【문제27】 다음과 같은 「마음의 지형학적 모델」을 주장한 사람은?

[   ]은(는) 물 표면에 떠 있는 작은 부분을 의식, 물 속에 잠겨 있는 큰 부분을 무의식, 그리고 파도치는 물결에 의해서 물 표면으로 나타났다 다시 잠겼다 하는 부분을 전의식으로 보았다.

정답 :

【문제28】 다음 프로이트(S. Freud)의 심리성적 발달단계이다.
　　　　　　발달단계를 올바르게 배열하시오.

> 가. 항문기　나. 구강기　다. 성기기　라. 생식기　마. 남근기　바. 잠복기　사. 통합기
>
> 정답 :

【문제29】 치유농업법에 규정한 치유농업(agro-healing)이란 '국민의 건강 (　　　)
　　　　　　및 (　　　)·(　　　)을 도모하기 위하여 이용되는 다양한 농업·농촌자원
　　　　　　(이하 '치유농업자원')의 활용과 이와 관련한 활동을 통해 사회적 또는
　　　　　　경제적 부가가치를 창출하는 산업'을 의미한다. 괄호 속에 들어갈 단어는?

> 정답 :

【문제30】 노인복지를 특징으로 하는 사회복지 실천내용을 다음에서 모두 골라 쓰시오.

> 가. 가정봉사원파견시설　　　나. 단기보호시설
> 다. 방문간호서비스　　　　　라. 자립지원시설(아동)
>
> 정답 :

【문제31】 다음을 설명하는 모델의 이름은?

> [　　] 모델은 활동이 가능한 비교적 취약한 노인을 대상으로 지원하는 사업으로
> 치유농업서비스연계 시 체감도 높은 서비스 제공이 가능하다.
>
> 정답 :

【문제32】 다음을 설명하는 아동복지시설(아동복지법 제52조)은?

> [　　] 은(는) 아동정책에 대한 종합적인 수행과 아동복지 관련 사업의 효과적인 추진
> 을 위하여 필요한 정책의 수립을 지원하고 사업평가 등의 업무를 수행한다.
>
> 정답 :

【문제33】 외부환경의 변화에 대하여 개체 스스로 체온, 수분, 삼투압, pH 등을
항상 일정하게 조절하는 것을 무엇이라 하는가?

정답 :

【문제34】 다음 (   ) 안에 들어갈 알맞은 용어를 쓰시오.

가. (㉠)은 도시에 있는 토지, 건축물 또는 다양한 생활공간을 활용하여 농작물을
경작 또는 재배하는 행위이다.
나. (㉡)은 개인의 필요성과 공공지출 감소를 목적으로 사회적 약자에게 사회적 및
보건적 서비스를 강화하기 위해 농업과 농장의 자원을 사용하는 것이다.
다. (㉢)은 체험기반의 농장활동과 (㉠)기반 활동의 연계 및 (㉡)까지 모두 수렴한다.

정답 :

【문제35】 다음은 '치유농업법'에 규정한 치유농업의 개념이다.
(   ) 안에 알맞은 말은?

치유농업이란 국민의 건강 (㉠) 및 유지·증진을 도모하기 위하여 이용되는 다양한
농업·농촌자원 (이하 '치유농업자원'이라 한다)의 활용과 이와 관련한 활동을 통해
(㉡) 또는 (㉢) 부가가치를 창출하는 산업이다.

정답 :

【문제36】 현실치료는 행동변화를 위한 상담과정의 중요한 절차로써의 틀로
WDEP 4단계를 제시하였다. 이에 대한 내용을 쓰시오.

정답 :

【문제37】 다음을 설명하는 내용으로 적절한 것은?

[   ]은(는)정신분석기법, 사이코드라마, 여러 예술기법, 실존철학 등의 영향을 받아 통합 정립된 이론이다. 구체적인 기법으로 별칭 짓기, 식물 되어보기, 책임지기, 숙제, 특별했던 경험 나누기 등을 적용할 수 있다.

정답 :

【문제38】 집단프로그램에서 가장 많이 실시되고 있는 행동수정이론을 쓰시오.

정답 :

【문제39】 다음을 설명하는 내용으로 적절한 것은?

[   ]은(는)즐거움, 우울, 스트레스, 불안같이 주로 생리적인 반응과 직결되어 있는 것으로 즐거움, 기쁨, 자기만족, 여유로운 느낌이나 감정을 느끼도록 상황을 전환시키는 것에 중점을 둔다.

정답 :

【문제40】 다음은 어느 국가의 치유농업을 나타낸 것인가?

가. 치유농업 자문제도 운영
나. 품질관리 및 보증제도 운영
다. 치유농장 협약제도 운영
라. 치유농업 학위과정 운영
마. 치유농업 평생교육 시행

정답 :

【문제41】 신체질환으로 보이는 증상을 나타내지만 실제로는 심리적 요인이나 갈등에 의해 야기된 것일 때 진단받는 정신장애는?

정답 :

【문제42】 상담과정의 진행방식, 목표, 책임과 한계 등을 논의하고 합의하는 절차를 일컫는 상담용어는?

정답 :

【문제43】 치유농장을 처음 이용하는 대상자를 평가하기 위한 내용이다. 이를 순서대로 나열하시오.

가. 실천행동　　나. 라포 형성　　다. 목표설정과 구조화　　라. 상담의 필요성 인식
마. 종결의 준비

정답 :

【문제44】 치유농장에서 할 수 있는 부적 강화 (negative reinforcement)의 적절한 예를 드시오.

정답 :

【문제45】 인간을 능동적인 정보처리자로 간주하고 감각기관으로 들어오는 정보가 중간과정에서 어떻게 선택, 변형, 압축, 저장되어 행동 등으로 사용하는지를 연구하는 접근 방법은?

정답 :

【문제46】 다음의 내용은 매슬로우의 어느 단계의 욕구와 연결되는 내용인가?

> 정원을 포함한 농업활동은 아름다움을 감상하고 식물의 생장사를 간접적으로 경험할 수 있으며 식물과 동물을 돌보는 과정에서 인간 삶의 과정을 이해하고 알아가는 지각을 가질 수 있다.
>
> 정답 :

【문제47】 장애유형별 장애진단 시기이다. 틀린 부분을 바르게 고치시오.

장애유형	장애진단시기
가. 신장장애	5개월 이상 지속해서 혈액투석 또는 복막투석 치료를 받고 있는 사람
나. 심장장애	1년 이상의 성실하고 지속적인 치료 후에 호전의 기미가 거의 없을 정도로 장애가 고착되었거나 심장을 이식받은 사람
다. 호흡기장애	현재의 상태와 관련한 최초 진단 이후 6개월 이상이 경과하고, 최근 2개월 이상 지속적인 치료 후에 호전의 기미가 거의 없을 정도로 장애가 고착되었거나 폐 또는 간을 이식받은 사람
라. 정신장애	2년 이상의 성실하고, 지속적인 치료 후에 호전의 기미가 거의 없을 정도로 장애가 고착되었을 때

> 정답 :

【문제48】 프로이트가 주장하는 심리적 방어기제 중 다음이 설명하는 것을 무엇이라고 하는가?

> 어떤 대상에게 느낀 감정을 방향을 바꿔 다른 대상에게 발산하는 것으로, 강하고 위협적인 대상에 의해 촉발된 충동이나 감정을 덜 위협적인 대상에게 돌림으로써 자아의 두려움과 불안감을 다루는 것으로 "동대문에서 뺨 맞고 서대문에서 화풀이 한다"는 속담이 그 예이다.
>
> 정답 :

【문제49】 매슬로우는 인간의 성숙을 위한 필요조건과 식물의 관계를 욕구 5단계설과 연결 지어 규정하였는데, 치유농업의 공간인 정원이 가지는 신선한 공기, 해맑은 빛, 신선하고 양분이 듬뿍 든 음식을 제공하는 이러한 기능은 매슬로우의 5단계 욕구 중 무엇에 해당하는가?

정답 :

【문제50】 상담과정에서 무조건적 존중, 공감적 이해, 일치 등이 인간의 성격변화를 촉진한다고 주장한 사람은?

정답 :

【문제51】 Ellis는 합리적 정서적 행동 원리로 ABCD를 제안하였다. 여기서 말하는 C는?

정답 :

【문제52】 다음과 같은 특징을 가진 병명을 쓰시오.

뇌가 전체적으로 위축되어 있고, 대뇌 피질에 노인반이 많다. 대뇌 피질에 침착물이 많이 부착되어 있다.

정답 :

【문제53】 다음 양극성 관련 장애에 대한 설명이다. 이에 해당하는 장애 유형은?

조증은 심하지 않은 경조증 정도로 한 번 이상의 주요 우울증 삽화와 한 번 이상의 경조증 삽화가 동반된다.

정답 :

【문제54】 상담자가 내담자의 행동 속에서 불일치를 지각하고 그것을 상담자에게
알릴 때 쓰는 상담 기법은?

정답 :

【문제55】 상담자가 내담자와 대화를 하면서 서로간의 신뢰가 문제시 될 것 같아
다음과 같이 말했다. 가장 관계있는 상담기법은?

"OOO님은 문득 화를 내고는 급하게 사과하시곤 하는데, 혹시 상담자인 나와 관계되어
그런 것이 아닌가 궁금하군요. 아직은 나를 상담자로서 인정하기가 어려우신가요?"

정답 :

【문제56】 게슈탈트 상담에서 개체가 자신의 욕구나 감정을 지각하고 그것을
게슈탈트로 형성하여 전경으로 떠올리는 행위를 무엇이라고 하는가?

정답 :

【문제57】 빈칸에 적절한 것은?

치매 진단을 받은 노인 OOO님은 새로운 정보의 기억에 어려움을 겪고 있어 외출 후
집을 잘 찾아 오지 못한다. 이는 _____ 의 손상 때문일 가능성이 높다.

정답 :

【문제58】 다음은 사회보장기본법 제3조에 나오는 사회보장 개념이다.
(   )에 해당되는 용어는?

(   )이란 국민에게 발생하는 사회적 위험을 보험의 방식으로 대처함으로써
국민의 건강과 소득을 보장하는 제도를 말한다.

정답 :

【문제59】 다음은 치유농업의 실행기법에 관한 설명이다.
( )에 들어갈 알맞은 기법을 고르시오.

식물의 전정, 삽목, 제초, 적엽, 절화 등 식물의 잎, 줄기, 나뭇가지 등 일부분을 따기,
자르기, 말리기, 누르기, 감기, 휘기를 하면서 생명체를 파괴하는 일련의 활동은
식물의 생산을 도울 뿐만 아니라, 인간의 억압, 두려움, 분노, 좌절, 고토의 감정을
예술로 재탄생시키는 창조적 승화의 ( )를(을) 경험하게 한다.

정답 :

【문제60】 치유농업에 참여하는 대상자들이 식물세계의 사건들에서 반영되어진 그들
자신들만의 삶에서 비슷한 주제들에 대한 의식적 혹은 무의식적 자각을
표현한 개념은?

정답 :

【문제61】 다음은 치유농업의 실행기법 중 하나를 설명한 것이다.
(가), (나)에 들어갈 표현으로 적합한 것은?

(가)는(은) 식물의 생장에 필요한 물주기, 비료주기, 풀 뽑기, 수확하기, 만들기 등
신체를 움직여서 관계하는 방식을 말한다. 그리고 식물의 생육과정을 연결하는
원예는 식물을 기르는 것, 즉 (나)를(을) 하는 일이다.

정답 :

【문제62】 다음 설명과 관계있는 치유농업 실행기법은?

대부분의 대상자들은 식물세계의 사건들에서 반영되어진 그들 자신들만의 삶에서
비슷한 주제들에 대한 의식적 혹은 무의식적 자각을 한다.

정답 :

【문제63】 치유농업 현장에서 적용할 수 있는 치료적 의사소통은 대상자가 자신의 생각과 느낌을 자유롭게 표현하도록 한다. 다음의 설명 중 일치적 의사소통의 예가 잘못된 것이 있다. 바르게 고치시오.

가. 상황: OOO님은 □□□님이 발표하는 동안 눈을 감으셨어요.

나. 사고: 오랜 느낌 끝에 대답 하셨어요.

다. 감정: 저는 □□□님의 발표를 보니 기쁜 생각이 들었어요.

라. 기대 및 열망: 본 활동의 의미를 잘 이해하시니 동참하고 계시는구나 싶었어요.

정답 :

【문제64】 REBT 이론에서는 인간의 부적응행동 또는 이상심리는 비합리적인 신념 때문에 발생한다고 본다. 비합리적 신념의 특징 4가지를 쓰시오.

정답 :

【문제65】 다음 괄호 속에 알맞은 내용을 쓰시오.

지금-여기에서 '무엇을', '어떻게' 느끼는가에 초점을 둔 실존적 심리치료기법으로 (가)에 의하여 개발된 이론이다. (나)란 개체가 자신의 욕구나 감정, 신체, 감각, 행동이 서로 분리된 게 아니라 하나의 의미 있는 전체로 조직화하여 지각하는 것을 뜻한다.

정답 :

【문제66】 다음의 사례는 치유농업 프로그램 과정에서 사용할 수 있는 어떤 의사소통 방식을 나타낸 것인가?

가. 상황: 여러분 모두, 씨앗을 매우 자세히 살피고 씨앗을 뿌리는 동안 말씀이 거의 없이 조용하셨어요.

나. 사고: 저는 그런 여러분의 모습을 보면서 '고도의 집중을 하고 계시는구나' 라고 생각했어요. 솔직히 활동을 준비하면서 간단한 활동이라 지루해하시면 어쩌나 약간의 우려도 있었는데,

다. 감정(느낌): 집중하는 여러분의 모습을 보니 다행스럽고 기운이 납니다.

정답 :

【문제67】 다음은 치유농업 정책과 제도의 도입배경과 필요성이다. 빈칸의 단어를 채우시오.

가. 저출산, 고령화 등으로 대표되는 우리나라 인구구조 변화 현상이 건강한 삶에 대한 국민의 새로운 요구에도 영향을 미치고 있다. (   )는 낮고, 우울증 및 자살자 증가 등 정신질환 경험자가 증가하는 반면 건강한 삶에 대한 욕구 증가로 국민의 (   )은 지속적으로 증가하고 있다.

나. 기존의 생산 중심의 경제기반에서 농업·농촌의 (   )을 바탕으로 새로운 가치인 (   )의 산업 생태계 조성이 필요한 시점에 이르렀다.

다. 치유농업은 (   )의 확대, 사회적 비용증가에 대한 대책과 삶의 질 향상, 산업과 (   )등을 배경으로 하여 관련 정책 및 사업이 추진되고 있다.

정답 :

【문제68】 다음 괄호 속에 알맞은 내용을 쓰시오.

치유농업사는 치유농업 프로그램 개발 및 실행 등 (   )으로 정하는 전문적인 업무를 수행하는 자로 (   )은 치유농업을 육성하기 위하여 (   )마다 치유농업 연구개발 및 육성에 관한 종합계획 (이하 '종합계획')을 수립하여야 한다.

정답 :

【문제69】 자폐성장애의 발생원인 중 정신·사회적 원인을 쓰시오.

정답 :

【문제70】 농업·농촌의 다원적 기능 3가지를 쓰시오.

정답 :

【문제71】 치유농업 기능 4가지를 쓰시오.

정답 :

【문제72】 치유농업의 사회·경제적 가치평가방법 5가지를 쓰시오.

정답 :

【문제73】 네덜란드 치유농업 관련 제도 법을 4가지 쓰시오

정답 :

【문제74】 피아제가 말한 도덕성의 정의는?

정답 :

【문제75】 장애 범주의 분류기준에서 정신적 장애 중 발달장애 3가지 유형은?

정답 :

【문제76】 특수목적형 대상인 지체장애의 발생원인 3가지는?

정답 :

【문제77】 언어장애의 발생원인 중 3가지 요인은?

정답 :

【문제78】 지적장애의 발생원인 2가지는?

정답 :

【문제79】 자폐성장애의 발생원인 4가지는?

정답 :

【문제80】 특수목적형 대상인 위기청소년은 가. 개인적 요인과 나. 맥락의 요인으로 구분된다. 이중 맥락의 요인 3가지는?

정답 :

【문제81】 특수목적형 대상인 다문화가정의 단계를 설명한 것이다. 괄호 안을 채우시오.

가. 제1단계 한국으로의 입국 전 결혼준비 단계
나. 제2단계 한국으로의 입국 이후의 가족관계 형성 시기
다. 제3단계 [   ] 단계
라. 제4단계 [   ] 단계

정답 :

【문제82】 Erikson은 인간 발달의 전 생애 접근을 시도한 최초의 인물이다.
다음은 Erikson (1950)의 심리·사회적 발달의 8단계와 각 단계에서
성취해야 할 발달과업과 극복해야 할 위기에 관한 내용이다.
빈칸을 채우시오.

[주요 발달단계]
가. 1단계 : 신뢰감 대 불신감(Trust vs. Mistrust)
나. 2단계 : 자율성 대 수치심과 회의감(Aotonomy vs. Shame and Doubt)
다. 3단계 : [ㄱ   ]
라. 4단계 : 근면성 대 열등감(Industry vs. Inferiority)
마. 5단계 : 정체감 대 정체감 혼미(Identity vs. Identity confusion
바. 6단계 : [ㄴ   ]
사. 7단계 : 생산성 대 침체성(Generativity vs. Stagnation)
아. 8단계 : [ㄷ   ]

정답 :

【문제83】 엘리스(Ellis)에 의해 개발된 합리적-정서적 치료(RET: Rational Emotive
Therapy)와 베크(Beck, 1976)에 의해 발표된 인지치료(CT: Cognitive
Therapy)가 있다. RET는 1993년에 합리적-정서적 행동치료(REBT:
Rational Emotive Behavior Therapy)로 개칭되었다. 이러한 인지치료의
핵심 개념은?

정답 :

【문제84】 다음 내용을 읽고 괄호 안을 채우시오.

> 가. 펄스(Perls)에 의하여 개발된 상담이론임. 이는 개체와 환경을 하나의 통합체로
>   보는 [ㄱ]에서 출발하여 정신분석기법, 장이론, 사이코드라마, 여러 예술기법,
>   실존철학 등의 영향을 받아 통합된 이론임.
> 나. [ㄴ]란 개체가 자신의 욕구나 감정, 신체, 감각, 행동이 서로 분리된 것이
>   아니라 하나의 의미 있는 전체로 조직화하여 지각하는 것을 의미함.
>
> 정답 :

【문제85】 다음 내용을 읽고 괄호 안을 채우시오.

> 가. [ㄱ]는 집단상담의 토대가 될 정도로 영향력이 큰 상담이론이자 기법으로서
>   모레노(Moreno)에 의해 처음 소개되었음.
> 나. [ㄴ]는 집단 안에서 모든 사람이 서로에게 치료적 행위자가 되며 집단 자체가
>   치료 잠재성이 풍부하다고 보았음.
>
> 정답 :

【문제86】 심리검사의 분류 중 대표적인 객관적 검사 4가지를 쓰시오.

> 대표적인 객관적 검사를 살펴보면, 지능검사로서 WISC, WAIS, WPPST,
> 성격검사로서 MMPI, MBTI, 흥미검사로서 직업흥미검사, 학습흥미검사, 적성검사
> 등이 있음.
>
> 정답 :

【문제87】 심리검사의 분류 중 대표적인 투사적 검사 4가지를 쓰시오.

> 정답 :

【문제88】 다음 내용을 읽고 괄호 안을 채우시오.

가. 능력검사(Ability Tests)는 [ㄱ] 라고도 한다.
나. 이 유형의 대표적 검사로는 일반능력검사(지능검사), [ㄴ], [ㄷ] 등이 있음
다. 일반능력검사는 흔히 [ㄹ]라고 일컬어진다.

정답 :

【문제89】 성격검사(personality tests)는 개인이 가지고 있는 성향이나 기질 등을 측정하기 위한 검사로서, 일정한 시간제한이 없고 각 문항에서 정답 또는 오답이 없다. 성격검사는 인성검사, 성향검사, 습관적 수행검사라고도 지칭된다. 광의적 의미의 성격검사 4가지만 쓰시오.

정답 :

【문제90】 생리적 기능의 평가 지표로서 검체를 이용한 검사방법 4가지를 쓰시오.

정답 :

【문제91】 생리적 기능의 평가 지표로서 자가 생리검사 방법 4가지를 쓰시오.

정답 :

【문제92】 치유농업에서 인체 생리검사 중 생체검사 방법 4가지를 쓰시오.

정답 :

【문제93】 피아제의 인지발달 이론에서 형식적 조작기란 어떠한 기간인가를 쓰시오.

정답 :

【문제94】 다음 빈칸에 알맞은 말을 넣으세요.

인체는 (가), (나), 그리고 (다)를 가진 단순하면서도 정교한 기능적 단위 통합체계이다. 즉 인체는 (가)를 통해 여러 가지 정보를 수집하고 수집된 정보를 여러 경로로 (나)를 통과시키며 (라)를 생성하고 근육을 통해 (라)를 구체적인 움직임으로 만들어 낸다.

정답 :

【문제95】 다음 빈칸에 알맞은 말은 넣으세요.

인간이 경험하는 현실세계는 실제로 존재하는 현실세계를 경험하는 것이 아니라, 자신만의 감각체계, (가), (나)를 거쳐 해석한 (다)이다. (라)는 지각된 세계의 일부분으로 자신의 욕구와 부합하는 구체적인 것들을 저장해 놓은 곳이다. (라)와 (다)가 다를 수 있는데 그 차이가 클수록 인간은 불만족을 느끼게 된다.

정답 :

【문제96】 치유농업법에 따르면 치유농업이란 국민의 건강회복 및 유지, 증진을 도모하기 위하여 이용되는 다양한 농업, 농촌자원의 활용과 이와 관련된 활동으로 정의하고 있는바 이때 치유 농업자원을 분류해보시오.

정답 :

【문제97】 주의회복이론에서 [Stephen & Kaplan] 가) 4가지 요소를 기술하시오.

정답 :

【문제98】 긍정심리학의 세 기둥이라 칭하는 세 가지 주제를 쓰시오.

정답 :

【문제99】 농업진흥지역에서는 농업생산, 농지개량과 직접적으로 관련된 행위 외의 토지이용행위를 할 수 없으나 대통령령으로 할 수 있는 예외의 행위를 쓰시오.

정답 :

【문제100】 심리적 방어 기제와 관련된 용어 4가지를 쓰시오.

정답 :

【문제1】 다음 중 채소의 분류 중 호온성 채소 4가지를 쓰시오.

정답 :

【문제2】 다음 중 채소의 분류 중 호냉성 채소 4가지를 쓰시오.

정답 :

【문제3】 다음 화훼의 원예학적 분류 중 숙근초 4가지를 쓰시오.

정답 :

【문제4】 다음은 작물의 재배관리의 순서이다. 빈칸을 채우시오.

종자분류 → [가] → 육묘 → [나] → [다] → 생육조절 → [라]

정답 :

【뮤제5】 다음은 작물의 재배관리의 순서이다. 빈칸을 채우시오.

비교적 크기가 큰 작물에 활용	재배기간이 짧고 단기간에 수확하는 작물에 이용	작물의 크기가 작고 재배 기간이 짧은 작물에 사용
(가)	(나)	(다)

정답 :

【문제6】 다음은 내용은 육묘의 종류에 대한 설명이다. 어떤 육묘의 종류에 대한 설명인가?

> 가. 저온이나 고온을 견디는 힘을 높이고 흡비력을 증진시켜 호박, 박, 토마토 등을 대목함
> 나. 기상과 토양환경이 불량한 시설재배에 많이 이용
> 다. 만할병, 위조병, 역병 등에 대한 내성을 높임
>
> 정답 :

【문제7】 과수의 분류는 크게 발육부분에 따라서 진과와 위과로 구분되는데, 발육부분에 따라서 (   )는 씨방이 발육하여 식용부분으로 자란 열매를 말한다.

> 정답 :

【문제8】 다음 (   ) 안에 해당하는 것을 쓰시오.

> 가. (ㄱ)는 씨받기의 피층이 발달하여 과육 부위가 되고 씨방은 과실 안쪽에 위치하여 과실부위가 되는 과실로 사과, 배 등이 있다
> 나. (ㄴ)는 과립이 덩어리를 이루어 과즙이 풍부한 과실로 포도, 무화과, 블루베리, 석류 등이 있다
> 다. (ㄷ)는 과육의 내부에 단단한 핵을 형성하여 그 속에 종자가 있는 과실이며 복숭아, 자두, 살구 등이 있다.
> 라. (ㄹ)는 성숙하면서 씨방 벽 전체가 다육질로 되는 과즙이 많은 과실로 감, 감귤, 오렌지 등이 있다.
>
> 정답 :

【문제9】 화훼의 원예학적 분류 중 아래 내용에 해당하는 꽃들을 4가지 쓰시오.

> 땅 속에 구형의 저장기관을 갖는 식물로 구근류에 해당한다.
>
> 정답 :

【문제10】 다음에서 설명하는 종자 분류에 해당하는 작물은?

종자가 아닌 영양체로 번식하는 작물로 우수한 유전정보가 영양체 안에 간직되어 있어
유전형질이 퇴화되지 않고 그대로 발현된 종자

정답 :

【문제11】 다음은 작물의 재배 관리 중 생육조절에 관한 설명이다. 빈칸에 들어갈 알맞은
말은?

잎과 줄기를 적절하게 (   )하여 밀식이 가능하고 서로 겹치는 것을 막아 햇빛을
받는 수광량을 높이고 작업하기도 좋게 함

정답 :

【문제12】 작물재배 활동과 치유적 의미를 설명한 것이다. 빈칸을 채우시오.

가. [   ] : 인간의 삶 및 심리적 요인이 통합되어 의미를 전달
나. [   ] : 독립된 개체로서 살아가는 것에 대한 의미를 전달
다. [   ] : 스스로에게 의견을 묻고 존중하여 결정과 실행하는 것에 대한 의미
라. [   ] : 도움을 주고 받을 수 있는 것, 내 안의 잎이 겹쳐져 밀식되어 있는지
   생각 해보기 등

정답 :

【문제13】 무, 배추 등 십자화과 작물의 추대를 촉진하는 조건은?

정답 :

【문제14】 고추의 매운맛을 결정하는 주요 성분은?

정답 :

【문제15】 오이의 경우 저온단일조건에서 나타나는 생육반응은?

정답 :

【문제16】 아래의 설명은 어떤 무기양분의 결핍 증상인가?

호흡요소 구성원소로 결핍 시 어린잎에서 황백화현상이 나타나며 마그네슘과 함께
엽록소 형성 감소

정답 :

【문제17】 다음은 광작물의 어떤 대사작용에 대한 설명인가?

식물의 한쪽에 빛을 조사하면 조사된 쪽의 옥신의 농도가 낮아지고, 반대쪽이
높아지는 현상이 발생함. 이때 옥신의 농도가 높은 쪽의 생장속도가 빨라져 식물체가
구부러지는 현상

정답 :

【문제18】 식물프로그램에서 텃밭을 구상할 때 채소의 색과 관상적·기능적 측면을
반영한 내용이다. 빈칸을 채우시오.

색 깔	해당기능성	채소 및 작물	비 고
백색	면연력 강화	마늘, 감자, 무, 양파, 인삼	열에 일부 파괴됨
(가)	폐와 간의 건강	시금치, 배추, 열무, 브로콜리, 풋고추	신선한 상태 이용 권장
황색	콜레스테롤 강화	콩나물, 바나나, 과일류	열에도 안정
(나)	젊음을 되찾음	우엉, 검정콩, 검은깨, 메밀, 김	열, 가공에 안정
적색	(다)	딸기, 토마토, 고추	신선한 상태 권장
오렌지	혈액순환 개선	당근, 고구마, 호박	가공에도 견딤
혼합색	(라)	다양한 조화 가능	신선채소 위주

정답 :

【문제19】 작물의 파종방법 4가지를 쓰시오.

정답 :

【문제20】 재배관리 유형별 활동 중 치유적 측면(적용)에서 연결이 올바르지 않은
 것을 바로잡으시오.

가. 솎아주기 : 나의 역량 범위 넓히기
나. 이식하기 : 가족 문화의 존중
다. 곁순따기 : 나의 장점, 단점 인정하기
라. 파종하기 : 변화에 대한 적응

정답 :

【문제21】 아래의 설명에 해당되는 농장동물은?

가. 높고 건조한 곳을 좋아하고 성격이 활발하고 민첩하다.
나. 무리 생활하기를 좋아하며 낙엽 등 조사료 이용성이 대단히 높다.
다. 집단 내 서열이 뚜렷하고 침입자에게 저항하는 습성이 있다.

정답 :

【문제22】 다음에 들어갈 알맞은 단어는?

(가) → 무리 사육을 할 때 순위(pick order)를 정할 때 상처를 입히는 성질이다.
(나) → 일조시간이 짧아지는 가을부터 겨울까지 하며, 이 시기는 난포호르몬의
분비가 감소되어 산란을 중지한다.

정답 :

【문제23】 다음 포유 송아지 사양관리표에 알맞게 들어갈 내용은?

연 령	관리내용
분만 직후 5일령	초유급여
5일령~이유까지	전용 또는 대용유
7일령 이후	조사료 급여 시작
7일령~14일령	(가)
14일령~3개월령	이유사료 급여
1개월령 이후	운동
3개월령 이후	(나)

정답 :

【문제24】 농장동물 활용 치유농업시설 고려 사항 중 아래에 해당되는 항목은?

가. 치유농업 프로그램 운영 관련 자격 보유자 또는 교육이수자

나. 응급처치, 심폐소생 관련 자격보유자(교육이수자) 필수

정답 :

【문제25】 다음 동물자원의 치유효과 중 해당되는 항목은?

가. 치유농업 프로그램 운영 관련 자격 보유자 또는 교육이수자

나. 응급처치, 심폐소생 관련 자격보유자(교육이수자) 필수

정답 :

【문제26】 다음 동물자원의 치유효과 중 해당되는 항목은?

가. 비밀 보장에 대한 신뢰
나. 스트레스 감소 및 대처기술
다. 자아존중감과 자기 효능감의 향상

정답 :

【문제27】 다음 내용은 반려견의 성장 발달 중 어디에 해당되는 시기인가?

가. 강아지가 한 배에서 떼어져 입양한 가족에게 옮겨가는 게 가능하며, 크레이트 교육, 리드 줄 교육, 배변 교육을 이때 시작할 수 있다.
나. 유치가 나기 시작하면서 딱딱한 사료가 섭취 가능한 시기이다.

정답 :

【문제28】 예방접종 프로그램에서 개 전염성 간염, 개 파보 바이러스성 장염, 개 파라인플루엔자, 개 홍역(디스템퍼) 및 렙토스피라 등 종합백신의 영어 약어 명칭은?

정답 :

【문제29】 다음 괄호 안에 알맞은 용어는?

분 류	특 징
(가)	수분이 10% 내외로 익스트루젼(extrusion) 형태로 먹이기 쉽고 장기보관이 가능하며 이빨을 단단하게 한다.
(나)	수분함량이 높고(25~75%) 맛이 좋고 휴대가 간단하나 보존성이 좋지 않고 가격이 비싸다.

정답 :

【문제30】 곤충의 한살이 과정을 4단계로 순서대로 나열하시오.

정답 :

【문제31】 다음은 누에 애벌레의 몸마디에 대한 명칭이다. 빈칸을 채우시오.

가. 제2마디   →   (   )
나. 제5마디   →   (   )
다. 제8마디   →   (   )
라. 제11마디 →   (   )

정답 :

【문제32】 동물자원의 치료효과 중 인지적 효과 4가지를 쓰시오.

정답 :

【문제33】 다음은 무엇에 대한 설명인가?

대상자는 동물을 돌보는 활동을 통하여 대처능력이 향상되고, 자존감 향상 및 자기 효능감 향상과 자기지지가 높아진다.

정답 :

【문제34】 "대상자가 조직 안의 상호 의무와 의사소통의 네트워크에 속해 있으며, 주변 사람들로부터 관심을 받고 있고 존중되고 있으며, 자신이 가치 있다는 개인적 믿음을 제공한다"는 의미로 쓰이는 용어는 무엇인가?

정답 :

【문제35】 아래의 내용 중 반려묘의 행동발달에 해당되는 시기는?

가. 고양이가 사회적 관계를 맺고, 환경의 위험성과 안전성을 구별하는 기초 정보를 학습한다.

나. 이 시기에 어미, 형제와 함께 안정적인 환경을 보내지 못하면 심리적 불안정한 모습을 나타나는 경우도 있다.

다. 한 달이 지나면 신체적인 움직임이 커지며 활발하게 활동을 한다.

정답 :

【문제36】 정서곤충의 장점 4가지를 쓰시오.

정답 :

【문제37】 다음 동물자원의 치유 효과 항목으로 잘못 짝지어진 것을 바르게 고치시오.

가. 신체적 효과: 호르몬 변화, 이완 반응

나. 인지적 효과: 교육효과, 기억력 향상

다. 심리 정서적 효과: 안정감 제공, 도움의 제공

라. 사회적 효과: 공동체 의식 향상, 사회기술 향상

정답 :

【문제38】 동물의 역할에 따른 아래의 대상자에 해당되는 것은?

가. 활동동물의 존재는 신뢰를 배우는데 도움을 주며 책임감을 발전시키는 데에도 도움을 줄 수 있다

나. 가장 중요한 목표는 사랑받고 있다고 느끼고 싶은 욕구, 근면함과 역량을 개발하고 싶은 욕구와 관련이 있다.

정답 :

【문제39】 다음 내용에 알맞은 용어는?

> 동물의 이름 부르기, 신체 부위 말하기 등과 규칙적이고 반복적인 일상 관리를 통해 기억력이 향상됨으로 노인성 치매에 효과적이다. 이렇게 동물은 (   )의 역할을 할 수 있다.
>
> 정답 :

【문제40】 다음은 동물의 질병에 대한 설명이다. (   ) 안에 알맞은 내용을 쓰시오.

> 가. 모기 생육이 왕성한 여름철(8~10월)에 발생하며, 증상은 보행이 불편하고 다리를 절게 된다. (   )
> 나. 40℃ 이상의 고열과 식욕 감퇴, 기침, 구토, 설사 증세로 보이며 때로는 뒷다리의 경련과 마비 증세를 보이는 신경 증상을 나타낸다. (   )
>
> 정답 :

【문제41】 동물 교감 활동에 의한 신경전달 물질 및 호르몬 변화 중 감소되는 호르몬은?

> 정답 :

【문제42】 다음 괄호 안에 알맞은 용어는?

분 류	특 징
(가)	• 애벌레에서 어른벌레로 성장하기 위해서는 여러 차례의 탈바꿈 과정 • 이 과정에서 번데기 단계를 거침
(나)	• 번데기 단계를 거치지 않음

> 정답 :

【문제43】 동물 교감 치유 효과에 대한 학술적 이론 중 어디에 해당되는 내용인가?

> 문제 대상자들에게 동물과의 유대 형성 경험을 통하여 건전한 애착의 경험을 갖게
> 하고, 주변 대상자들에 자연스러운 애정 분산 효과를 얻을 수 있으며, 발달된 사회적
> 유대로 확장할 수 있다.
>
> 정답 :

【문제44】 동물자원의 치유 효과 중 아래에 해당되는 항목은?

> 동물들과 접촉하면서 직선적이며 그 순간의 감정대로 행동하는 동물의 행동을
> 이해하는 마음은 다른 사람들과의 관계에서도 상대방을 이해하고 포용할 수 있어
> 원만한 대인 관계를 갖는데 도움이 된다.
>
> 정답 :

【문제45】 치유농업시설 전문인력 고려 사항 4가지를 쓰시오.

> 정답 :

【문제46】 다음은 무엇에 대한 설명인가?

> 가. 동물과의 교감 활동은 대상자의 스트레스를 감소시키고 이완반응을 유도하는데,
>   이러한 일련의 반응으로 의료적 이점과 심리적 안정감을 얻을 수 있다.
> 나. 동물은 사람 대상자와의 상호교감을 통하여 대상자의 긴장 완화와 스트레스 감소,
>   대화의 증가, 신체 활동의 증가를 유발한다.
>
> 정답 :

【문제47】 다음 설명에 대한 내용으로 들어갈 알맞은 것은?

> 반려조의 부화는 (가)를 이용하는 방법과 십자매 등 (나)를 이용하는 방법이 있다.
>
> 정답 :

【문제48】 치유농업에 자주 활용되는 대표 허브 5가지를 답하시오.

정답 :

【문제49】 다음 빈칸을 채우시오.

고양이의 세력권은 (   )과 (   )으로 나누며 자기의 세력권에 자신의 냄새를 묻혀 영역 표시를 한다.

정답 :

【문제50】 동물의 역할 4가지를 쓰시오.

동물의 역할 4가지에는 (   ), (   ), (   ), (   )이 있다.

정답 :

【문제51】 다음 빈칸을 채우시오.

활동 동물 선택을 위한 8가지 기준에는 사육성, 운반성, 상호접촉성, 감정 소통성, (   ), 인간의 운동성, 동물 자신의 즐거움, (   )이 있다.

정답 :

【문제52】 다음 빈칸을 채우시오.

(   )은 동물이 사람에게 전염시킬 수 있는 전염병이며, MERS, 일본뇌염, 독소플라즈마병, 쯔쯔가무시병, 중증열성혈소판감소증, 모낭충, 기생충 등이 있다.

정답 :

【문제53】 다음 빈칸을 채우시오.

농장동물을 활용하여 치유농업서비스를 운영하고자 할 경우에는 (   ), (   ), (   ), (   ), (   ) 등의 5가지 중점 항목을 고려할 수 있다.

정답 :

【문제54】 다음 표에 제시된 설명이 무엇인지 알맞은 질병을 쓰시오.

모든 온혈동물에 감염되는 치명적인 법정전염병으로 사람이나 다른 동물을 물었을 때 타액을 통해 전파되어 사람에게는 감염시킨다. 잠복기는 1~2개월 또는 수년 후에 발병하기도 한다.

정답 :

【문제55】 다음 빈칸을 채우시오.

토끼는 땀샘이 없어 더위에 약하고 (   )로 체온 조절을 한다. 그리고 자기 똥을 먹는 성질인 (   )이 있다.

정답 :

【문제56】 다음 빈칸을 채우시오.

호랑나비 생활사의 단계는 (   ) → (   ) → (   ) → (   )으로 성장하는 완전탈바꿈 곤충이다.

정답 :

【문제57】 다음 빈칸을 채우시오.

물 교감 치유 효과에 대한 학술적 이론은 (   ), (   ), (   ), (   ) 4가지로 구성된다.

정답 :

【문제58】 다음 설명으로 이것에 적합한 답안을 쓰시오.

고양이 발바닥은 연한 이것이 있어 소리를 내지 않고 걸을 수 있으며 뒷발이 비교적 길어서 도약력이 뛰어나다.

정답 :

【문제59】 다음 괄호 안에 적합한 답안을 쓰시오.

호랑나비 애벌레는 (   )이라는 방어기작을 갖고 있는데, 이는 1령 시기부터 내밀어 적을 쫓는데 사용한다.
먹이를 충분히 먹은 5령 애벌레는 주변의 지형지물을 이용해 은신하고 실을 내어 몸을 고정한 다음 번데기가 된다. 번데기로 지내는 기간은 10일 정도이다.

정답 :

【문제60】 다음 괄호 안에 적합한 답안을 쓰시오.

곤충은 전 세계적으로 분포하는 종수가 대략 500~1,000만 종으로 추정되며,
이 중에서 종이 밝혀지고 분류된 종만 100만 종에 이른다. 이렇게 많은 곤충 종들 가운데, 사람에게 직접 또는 간접적으로 이로움을 주는 종류들을 (   )이라고 한다.

정답 :

【문제61】 정서곤충의 특성에 해당되는 곳에 ○, ×표를 하시오.

분 류	생 활 사	
	완전탈바꿈	불완전탈바꿈
왕귀뚜라미	(ㄱ)	(ㅁ)
호랑나비	(ㄴ)	(ㅂ)
누에	(ㄷ)	(ㅅ)
장수풍뎅이	(ㄹ)	(ㅇ)

정답 :

【문제62】 채소 및 식량작물의 색깔에 따른 구분 및 주요 기능이 잘못된 것을 바로 잡으시오.

분 류	해당 기능성	채소 및 작품	비 고
가. 황색	폐와 간의 건강	콩나물, 바나나, 과일류	열에 일부 파괴됨
나. 적색	항암효과	딸기, 토마토, 고추	신선한 상태 권장
다. 오렌지	혈액순환 개선	당근, 고구마, 호박	가공에도 견딤
라. 혼합색	무지개 색깔	다양한 조화 가능	신선채소 위주

정답 :

【문제63】 다음은 어떤 관엽 식물을 설명한 내용인가?

가. 파인애플과 식물로 원산지는 미국 남동부, 중부, 아르헨티나 중부이다.

나. 나무에 기생하는 종으로 아나나스류 중에서 매우 특이한 형태의 식물이다.
뿌리가 없이 공중에서 습도와 영양분을 흡수하며 생육하는 덩굴성 에어플랜트로
보통 공중에 유리 화병이나 다양한 소품 등에 걸어놓는다.

다. 길이는 길게 5m가량 자라며 가는 줄기가 드문드문 갈래로 갈라져 늘어진다.
잎은 줄 모양이고 길이 3~5cm의 가는 잎이 많이 어우러져 난다.

라. 겉면은 은백색의 비늘털로 덮이는데, 이 털은 공기 중의 수분을 흡수하는 역할을 한다.

정답 :

【문제64】 내담자가 지각한 현실세계와 자신의 욕구에 부합되는 질적인 세계가 차이가 있을 때 벌어지는 심리현상은?

징답 :

【문제65】 딸기의 일생을 순서대로 나열하시오.

가. 런너발생   나. 꽃눈 형성   다. 포기발육   라. 개화   마. 휴면   바. 결실

정답 :

【문제66】 추억을 일으키는 식물 4가지를 쓰시오.

정답 :

【문제67】 곤충의 치유적 효과 4가지를 쓰시오.

정답 :

【문제68】 활동소재 농장동물 중 인수공통전염병의 위험성이 높은 동물 2가지는?

정답 :

【문제69】 식물을 매개로 한 치유농업을 위해서 필요한 2가지 조건은?

정답 :

【문제70】 다음은 식물매개 치유농업의 효과에 대한 설명이다.
　　　　　　어떤 효과에 대한 설명인가?

가. 대인관계 향상
나. 의사소통 기술 증진
다. 사회성 향상
라. 리더쉽 함양
마. 자기발견

정답 :

【문제71】 다음 내용에 알맞은 용어를 쓰시오.

동물 이름 부르기, 신체 부위 말하기 등과 규칙적이고 반복적인 일상관리를 통해 기억력이 향상됨으로 노인성 치매에 효과적이다. 이렇게 동물은 (   )의 역할을 할 수 있다.

정답 :

【문제72】 다음에서 설명하는 허브는 무엇인가?

가. 항불안, 진정, 불면증, 소염작용 등에 효과가 좋다.

나. 피부 가려움증과 염증, 버석거림 완화

다. 옆에 다른 식물을 심으면 병에 걸리지 않고 건강하게 자라게 하므로 식물의 의사라는 애칭

정답 :

【문제73】 종자의 파종 방법 중에서 작물의 크기가 작고 재배기간이 짧은 작물에 주로 사용하는 방법은 무엇인가?

정답 :

【문제74】 배토의 효과 4가지를 쓰시오.

정답 :

【문제75】 다음은 필수원소의 역할을 설명한 것이다. 틀린 것을 바로잡으시오.

가. 질소는 엽록체, 단백질, 효소의 주요 구성성분이다.

나. 철이 부족하면 잎이 황백색으로 변하게 된다.

다. 황이 부족하면 엽록소 생성이 저해된다.

라. 칼륨은 호흡 과정에서 에너지 저장 및 생성에 중요한 역할을 한다.

정답 :

【문제76】 주간에는 적온에서 활발하게 광합성이 이루어지도록 관리하고 야간에는 저온에서 호흡이 억제될 수 있도록 온도를 관리하는 것은?

정답 :

【문제77】 다음과 같이 설명하고 있는 식물을 쓰시오.

비타민C가 풍부해 노화를 방지해주며 항산화, 항염증 효과가 탁월하다. 또한 비타민C는 철분과 결합하여 장에서 흡수를 돕기 때문에 빈혈을 방지하는데 효과가 크다. 사과의 6배에 달하는 비타민C를 함유하고 있다. 원줄기, 땅속줄기, 덩이줄기로 구성된다.

정답 :

【문제78】 다음은 식물자원의 치유효과와 활용 설명이다. 잘못된 부분을 바로잡으시오.

가. 식물을 돌보는 물주기, 잡초 제거, 이식 등의 경험은 치유효과가 나타날 수 있다.
나. 식물치유 매커니즘(mechanism)은 기작(機作), 기제(機制) 등으로 해석된다.
다. 치유농업은 농업·농촌 녹색환경과 농작업의 조건이 갖추어져야 한다.
라. 농업·농촌은 Kaplan과 Kaplan(1989)이 주장하는 '벗어나기, 매혹감, 확장, 공존성'의 네 요소가 상호작용을 하면서 만들어 내는 회복환경의 조건을 충족하는 자연환경을 품고 있다.

정답 :

【문제79】 치유농업 동물·곤충자원의 설명이다. 잘못된 부분을 바로잡으시오.

가. 치유농업 활동소재로써의 동물은 동물성 식량자원을 생산하는 일반적인 축산 동물과 구분하여 치유프로그램에 활용될 동물을 말한다.
나. 안전사고에 예측 및 예방이 가능한 동물이어야 한다.
다. 활동 동물 선택을 위한 8가지 기준으로 '사육성', '운반성', '상호접촉성', '감정소통성', '안정성', '운동성', '동물 자신이 즐거움', '감염이 안전성' 등이 있다.
라. 닭, 오리, 염소, 토끼 중 활동소재로 가장 적합한 동물은 염소이다.

정답 :

【문제80】 다음과 같은 내용에 적합한 식물을 쓰시오.

오감을 자극하는 것은 신체적 재활뿐만 아니라 뇌의 활성에도 매우 중요하다. 그 중 촉감을 자극시킬 수 있는 식물은 감각자극, 회상, 유추에도 도움이 되는데, 식물의 특징에 따라 자극할 수 있는 요소들은 다양한데 이 중 융모 질감의 잎을 가지고 있지 않다.

정답 :

【문제81】 치유동물 중 염소의 장점 4가지를 쓰시오.

정답 :

【문제82】 활동소재동물 중 정서곤충 이용의 장점 4가지를 쓰시오.

정답 :

【문제83】 다음 괄호 안에 알맞은 용어는?

분류	특 징
(가)	• 애벌레에서 어른벌레로 성장하기 위해서는 여러 차례의 탈바꿈 과정 • 이 과정에서 번데기 단계를 거침
(나)	• 번데기 단계를 거치지 않음

정답 :

【문제84】 동물 교감 치유 효과에 대한 학술적 이론 중 어디에 해당되는 내용인가?

대상자는 농장에서 동물을 돌보는 활동을 통하여 대처능력이 향상되고, 자존감 향상 및 자기효능감 향상과 자기지지가 높아진다.

정답 :

【문제85】 다음은 무엇에 대한 설명인가?

가. 동물과의 교감 활동은 대상자의 스트레스를 감소시키고 이완반응을 유도하는데, 이러한 일련의 반응으로 의료적 이점과 심리적 안정감을 얻을 수 있다.
나. 동물은 사람 대상자와의 상호교감을 통하여 대상자의 긴장 완화와 스트레스 감소, 대화의 증가, 신체 활동의 증가를 유발한다.

정답 :

【문제86】 다음에 해당되는 농장동물을 쓰시오.

강점	약점	기회	위협
* 사람과 잘 어울림 * 의사소통 가능 * 청결함	* 겁이 많음 * 더운 날씨에 취약함	* 털이 안 빠짐 * 교감활용 가능	* 프로그램 부족 * 여름활동에 취약

정답 :

【문제87】 농장동물을 활용한 치유농업 활동소재 동물 선택을 위한 아래의 8가지 기준에 부합하는 농장 동물을 쓰시오.

사육성	운반성	상호 접촉성	감정 소통성	안전성	인간 운동성	동물 즐거움	감염 안전성
보통	보통	좋음	좋음	매우 좋음	좋음	좋음	좋음

정답 :

【문제88】 다음은 반추동물 위의 명칭을 나열한 것이다. 잘못된 부분을 고치시오.

가. 1위 → 반추위

나. 2위 → 진위

다. 3위 → 벌집위

라. 4위 → 겹주름위

정답 :

【문제89】 현재 인증되는 친환경농축산물의 종류를 쓰시오.

정답 :

【문제90】 아래 설명하는 농촌환경 · 문화자원의 유형은 무엇인가?

농업인이 해당 지역의 환경/사회/풍습 등에 적응하면서 오랫동안 형성시켜 온
유/무형의 농업자원

정답 :

【문제91】 다음 괄호 안에 들어갈 말은 무엇인가 ?

"치유농장에서 이용객이 활동하는 주변에 추락위험이 있는 곳에는 울타리나 안전난간을
설치하여 안전을 확보하여야 한다. 산업안전보건기준에 관한 규칙 제13조(안전난간의
구조 및 설치요건)에 따르면 임의의 방향에서 (가)kg 이상의 하중에 견딜 수 있어야
하며 높이는 (나)cm, 난간대는 지름은 (다)cm 이상의 금속파이프로 설치하는
것이 바람직하다"

정답 :

【문제92】 괄호 안에 맞는 내용을 쓰시오.

> 농촌지역 특유의 자연환경, 전통문화, 지역특산물 등 지역의 정체성과 농촌다움을 바탕으로 인간에게 즐겁고 쾌적한 감성을 제공하는 휴양적, 경제적 가치를 지니고 있는 모든 유·무형의 자원으로, 농촌의 정체성을 반영하는 (　　　)를 제공하는 자원이다.
>
> 정답 :

【문제93】 괄호 안에 맞는 내용을 쓰시오.

> 청소년성보호법 제56조(아동 · 청소년 관련기관 등에의 취업제한 등)에 따라 아동·청소년을 대상으로 치유농업서비스를 제공하는 사업장에서는 성범죄 경력자에 대해 (　　)년간 (　　　)기간을 두어야 한다. 따라서 동법 시행령 제25조에 따라 직원 채용이나 프로그램 운영자에 대한 (　　　) 요청을 실시해야 한다.
>
> 정답 :

【문제94】 치유환경 배경이론 4가지를 쓰시오.

> 정답 :

【문제95】 주의를 회복시키는 환경의 4요소를 쓰시오.

> 정답 :

【문제96】 아래 내용은 어떤 동물에 대한 설명인가?

> 발가락은 앞발에 5개, 뒷발에 4개가 있으며 발톱이 예리하고 속에 감출 수 있다. 발바닥은 연한 육구(肉球)가 있어 소리를 내지 않고 걸을 수 있으며 뒷발이 비교적 길어서 도약력이 뛰어나다.
>
> 정답 :

【문제97】 다음은 시간의 흐름에 따른 농촌치유관광의 단계별 효과이다.
단계별 순서를 올바르게 나열하시오.

> 가. 경험 단계　　나. 혜택 단계　　다. 시작 단계　　라. 기대 단계　　마. 사라짐 단계
>
> 정답 :

【문제98】 다음과 같은 농촌 치유관광 프로그램 유형은?

> (　　　　)은 농촌의 자연환경 속에서 정신적, 신체적 이완을 통해 바쁘고 피로한
> 일상에서 벗어나 심신의 재충전 및 일상을 회복하는 데 있다.
>
> 정답 :

【문제99】 Tyson(2007)가 제시한 치유환경의 조경 디자인 3요소를 쓰시오.

> 정답 :

【문제100】 치유농업시설으로의 물리적 접근성 개선을 위한 통로 조성 시 고려사항에
대한 내용이다. 틀린 것을 바르게 고치시오.

항 목	내 용
가. 통로폭	• 성인 교행 시 120cm, 기타 이동수단의 폭을 확인하고 결정함.
나. 답압	• 적당한 단단한을 유지하여 이동을 지원한다.
다. 견인력	• 물이 고이거나 조류(algae)가 생장하면 넘어질 위험이 높아짐 • 목재가 젖어있을 경우 마찰력이 높아 미끄럼 유발
라. 경사로	• 넓거나 길게 조성된 공간은 배수를 위한 경사각(2%) 유지 • 일반 동선의 경우 경사각은 3~5%의 범위가 적합함

> 정답 :

3. 제3권 100문제

【문제1】 치유농업 프로그램 사회적 영역에 대한 평가도구의 설명이다.
틀린 내용을 수정하시오.

가. 사회적 지지를 측정하는 도구로는 사회적 지지도 척도, 아동 · 청소년 사회적
   지지척도, 사회적 지지 다차원척도 등이 있다
나. 대인관계를 측정하는 도구로는 KIIP, RCS, PCI 등이 있다
다. 가족관계를 측정하는 도구로는 FACE-III, PARQ, PACI, CPIC 등이 있다
라. 삶의 질을 측정하는 도구로는 삶의 만족도 척도, 노인 삶의 질 척도, 여가만족
   척도 등이 있다.

정답 :

【문제2】 다음 평가 척도에 대한 설명이다. 틀린 내용을 수정하시오.

가. 대인관계 문제 척도(Korean Inventory of Interpersonal Problem: KIIP)는
   총점이 높을 수록 대인관계에서 어려움을 느끼는 정도가 낮다고 이해된다.
나. 대인관계변화 척도(Relationship Change Scale: RCS)는 총점이 높을수록 대인
   관계가 건강하다는 것을 의미한다.
다. 의사소통 능력 척도(Primary Communication Inventory: PCI)는 총점이
   높을수록 의사소통 능력이 높은 것을 의미한다.
라. 자녀가 지각한 부모양육태도 척도(Parental Acceptance-Rejection
   Questionnaire: PARQ) 총점이 높을수록 부모의 양육태도가 수용적임을
   의미한다.

정답 :

【문제3】 다음은 통계분석에 대한 설명이다. 빈칸을 채우시오.

가. 통계의 유형은 기능에 따라 [ㄱ]와 추리통계로 구분되며 후자는 자료를 통해 일반적인 현상을 추리하는 데 초점을 두고, 전자는 수량적 자료들을 있는 그대로 제시하는 방법이다.

나. 변수는 인과관계에 따라 연구자에 의해 조작된 변수를 [ㄴ]라 하고, 조작된 처리에 대해 영향을 받거나 결과로 나타나는 변수를 [ㄷ]라 한다.

다. 척도의 종류로는 명목척도, [라]척도, 등간척도, 비율척도로 구분되며 비율척도는 절대 0점이 존재하므로 비율, 체중, 거리, 무게 등의 통계분석이 가능하다.

정답 :

【문제4】 다음은 통계방법에 대한 설명이다. 잘못된 부분을 고치시오.

가. 대응표본 t-검정은 대상자의 치유농업 프로그램 참여 전·후의 평가점수를 비교하기 위해 사용된다.

나. 독립표본 t-검정은 동일한 특성을 가진 치유농업 프로그램 참여군과 치유농업 프로그램 비참여군 두 개의 집단이 존재하는 경우, 치유농업 프로그램 참여 후 치유농업 프로그램 참여군과 치유농업 프로그램 비참여군의 평가 점수를 집단 간 비교하기 위해 활용한다.

다. 대응표본 t-검정 (Paired t-test)과 독립표본 t-검정(dependent t-test)은 비모수검정에 활용하는 방법이다.

라. 대응표본 t-검정과 독립표본 t-검정은 독립변수는 명목척도이고 종속변수는 등간/비율척도이다.

정답 :

【문제5】 프로그램의 기본적 구성요소는 학자들에 따라 다양하게 제시되었다. 프로그램이 성립하기 위해서는 필수적인 구성요소를 갖추고 있어야 하는데, 필수적인 구성요소 4가지를 쓰시오.

정답 :

【문제6】 치유농업 프로그램 참여 대상자 정보수집 4가지 내용은?

정답 :

【문제7】 흔히 서베이 기법은 조사연구 기법이라고 하는데 서베이 기법의 대표적인 4가지 방법을 쓰시오.

정답 :

【문제8】 참여자의 요구조건을 분석하기 위한 기법 중 전문가들의 식견, 직관 및 판단력을 효과적인 자원으로 활용하는 방법은?

정답 :

【문제9】 심리검사의 목적 4가지를 쓰시오.

정답 :

【문제10】 심리검사의 대표적인 객관적 검사의 4가지 유형을 쓰시오.

정답 :

【문제11】 치유농업 대상자 요구의 우선순위 설정과정 순서이다.
올바른 순서로 나열하시오.

> 가. 요구의 보편성과 중요도에 따라 순위별로 나열한다.
> 나. 프로그램으로 개발될 요구를 선정하고, 이에 대한 당위성을 간략히 기술한다.
> 다. 프로그램의 목표로 기술될 내용이 기관의 목적과 부합되는지를 점검한다.
> 라. 측정된 모든 요구의 리스트를 작성한다.
> 마. 요구분석의 결과를 프로그램의 구체적인 목표로 전환한다.
>
> 정답 :

【문제12】 치유농업 프로그램 참가자들의 요구를 정확히 파악하고, 이를 프로그램에 반영해야 한다. 치유농업 프로그램 개발을 위한 대상자 집단 선택 시 중요한 질문 4가지는?

> 정답 :

【문제13】 요구분석을 위한 서베이 방법 중 제시된 장·단점을 가진 방법은?

장 점	단 점
가. 간단한 과정	가. 고비용
나. 양호한 응답률	나. 타당성이 결여된 정보
다. 어려운 질문 가능	
라. 질문에 대한 통제 가능	
마. 응답자에게 접근 용이	

> 정답 :

【문제14】 치유농업 프로그램의 개발 절차 중 목표 설정 순서를 차례대로 나열하시오.

> 가. 프로그램 잠재적 고객집단을 정확히 파악한다.
> 나. 프로그램 대상자들의 요구를 정확히 측정한다.
> 다. 실현 가능한 요구를 선정하여 이를 토대로 구체적인 프로그램 목표를 진술한다.
> 라. 프로그램 목표가 환경맥락의 변화추세 및 프로그램 제공기관이나 후원단체 등의
>   이념이나 방향과 일관되도록 설정한다.
> 마. 프로그램의 적절한 규모와 범위 및 기간을 결정한다.
> 바. 가시적 성과의 측정이 가능하도록 프로그램 목표를 설정하고, 그 성과를 홍보에
>   활용하도록 한다.
>
> 정답 :

【문제15】 다음 설명에서 대상자 요구 분석 방법 중 어떤 기법을 말하는가?

> 1단계: 해당 분야의 전문가들을 선정하여 조사대상 집단을 구성한다.
> 2단계: 특정 주제에 대한 요구 또는 핵심 이슈에 대한 전문가들의 견해 파악을 위한
>   질문지를 송부한다.
> 3단계: 1차 조사를 통해 파악된 견해를 요약한 후 2차 질문지를 개발하여 다시
>   2차로 송부한다.
> 4단계: 2차 조사 자료에 대한 기본적인 통계 분석 후 결과를 정리하여 다시 3차
>   질문지를 개발한 후 3차로 다시 조사 대상 집단에게 송부한다.
>   지난번 평정내용 수정 및 이유를 제시한다.
> 5단계: 3차 조사 결과를 다시 통계처리한 후 다수 의견과 소수 의견을 요약한 후
>   다시 4차 질문지로 개발하여 송부함으로써 지금까지 의견을 최종적으로
>   수정할 기회를 제공한다.
>
> 정답 :

【문제16】 대상자 진단평가에서 생리적 기능의 평가 지표 4가지를 쓰시오.

> 정답 :

【문제17】 대상자 요구의 우선순위 설정 과정을 옳게 나열하시오.

> 가. 요구분석의 결과를 프로그램의 구체적인 목표로 전환한다.
> 나. 요구의 보편성과 중요도에 따라 순위별로 나열한다.
> 다. 프로그램으로 개발될 요구를 선정하고 이에 대한 당위성을 간략히 기술한다.
> 라. 프로그램의 목표로 기술될 내용이 기관의 목적과 부합되는지를 점검한다.
> 마. 측정된 모든 요구의 리스트를 작성한다.
>
> 정답 :

【문제18】 다음 빈칸을 채우시오.

> 치유농업 프로그램의 목적은 (　　　), (　　　), (　　　)로 구분된다.
>
> 정답 :

【문제19】 다음은 Berned schmitt의 체험을 구성하는 전략적 체험모듈에 기반하여 구분한 자원을 설명한 것이다. 다음 빈칸을 채우시오.

> 가. 시각, 청각, 촉각, 후각, 미각 등의 오감을 자극할 수 있는 자원은 (ㄱ) 자원이다.
> 나. 감성을 자극하는 이야기(스토리), 경험, 깨달음 등 소비자에게 들려주고 싶은
> 　　이야기(스토리)는 (ㄴ) 자원이다.
> 다. 신체적 경험이나 신체적 기능향상과 관련된 자극, 운동 뿐만 아니라 장기적인
> 　　행동패턴이나 라이프스타일은 (ㄷ) 자원이다.
> 라. 활동을 통하여 타인, 사회, 국가, 문화적 의미와 연결하는 경험은 (ㄹ)자원이다.
>
> 정답 :

【문제20】 치유농업 프로그램 적용 시 인지적 영역의 설정 가능한 목적 4가지는?

> 정답 :

【문제21】 인체의 질병을 평가하는 지표가 될 수 있고, 치유농업 과정을 통해 인체 기능의 불균형에 대한 회복을 검증하는 지표로 활용할 수 있는 생리적 기능의 평가지표가 있다. 이중 생체검사 방법 4가지를 쓰시오.

정답 :

【문제22】 뇌파는 보통 두피 위에 전극을 놓고 거기에서 뇌신경세포에서 생기는 전기활동을 검출하여 증폭하여 기록한 것으로 주파수에 따라 4가지 δ, θ, α, β로 나뉜다. 다음 중 연관 내용을 쓰시오

가. δ파(delta wave) – (ㄱ)
나. θ파(theta wave) – (ㄴ)
다. α파(alpha wave) – (ㄷ)
라. β파(beta wave) – (ㄹ)

정답 :

【문제23】 치유농업 프로그램 유형의 분류에서 다음 설명에 해당하는 것은?

특별한 활동보다 치유농장 구성요소를 즐기고 경험하는데 목적이 있는 프로그램

정답 :

【문제24】 하인리히가 교수-학습 과정에서의 교수매체의 효과적인 활용을 위하여 고안한 모형은 ?

정답 :

【문제25】 치유농업시설이 보유하고 있는 유형 자원을 분석하는 것은 치유농업 프로그램 개발을 위한 첫 과정이다. 전략적 체험모듈에 기반한 체험자원들로 구분할 수 있는데 이에 속하는 4가지 자원을 쓰시오.

정답 :

【문제26】 키가 160cm이고, 몸무게 60kg 인 사람의 체질량지수를 구하시오.

정답 :

【문제27】 다음은 치유농업 프로그램 대상자별 프로그램상의 유의점이다. 빈칸을 채우시오.

번호	대상자	프로그램 상의 유의점
가.	(ㄱ)	- 개인적 공간 확보 - 개인작업과 그룹작업 제공
나.	(ㄴ)	- 최대한의 자극재료와 안전대책 - 참가자의 인지적 능력에 맞는 단계적 작업
다.	(ㄷ)	- 접근용이성 및 단순한 활동 - 환경에 대한 인식과 판단이 용이 하도록 하는 대책 필요
라.	(ㄹ)	- 폭넓은 표현이나 자극을 가능케 하는 식물 및 소재 - 활동량이 많은 대상자 및 놀이에 견딜 수 있는 튼튼한 식물 사용

정답 :

【문제28】 다음은 REBT(인지정서행동치료)의 기법이다. 이를 순서대로 바르게 나열하시오.

신념 → 선행사건 → 결과 → 효과 → 논박

정답 :

【문제29】 다음은 치유농업 프로그램 대상자 분석의 활동 중 대상자의 치유문제 파악에 관한 내용이다. (   )안에 공통으로 들어갈 단어는?

> 치유농업 프로그램 개발자가 치유농업 프로그램으로 접근하고 싶은 주 대상자의 주요 치유문제를 명확히 하여 간략하게 작성한다. 이때 대상자의 치유문제 뿐만 아니라 그 문제의 (   )도 함께 작성한다. 그러나 그 (   )과 문제는 농장주의 추론에 의한 것이어서는 안 되며 관련 문헌 등을 활용하여 문제와 (   )에 대한 근거를 명확히 확보해야 한다.
>
> 정답 :

【문제30】 치유농업 프로그램 대상자 안전관리에 대한 설명이다. ㉠과 ㉡에 알맞은 말을 쓰시오.

> 치유농업 프로그램 대상자 안전수칙에는 (㉠)대응수칙과 (㉡)대응수칙으로 구성된다. (㉠)에는 사고로 인한 의식저하 또는 호흡곤란, 찰과상 등 피부 손상 및 출혈, 독성식물이나 곤충으로 인한 부상, 화상 또는 동상 등으로 구분된다. (㉡)에는 태풍, 호우, 홍수, 폭염, 폭설, 지진, 산불, 건물붕괴, 폭발·화재 등이 있다.
>
> 정답 :

【문제31】 치유농업 효과영역별 측정변인 중 사회적 영역의 3대 측정 변인을 쓰시오.

> 정답 :

【문제32】 활동을 통하여 타인, 사회, 국가 또는 문화적 의미와 연결하는 경험이며, 혈연이나 집단 소속감과 같이 사회적 범위, 사회적 역할, 사회적 영향, 사회적 정체성 등에 대해 경험할 수 있는 자원은 무엇인가?

> 정답 :

【문제33】 다음과 같은 치유농업 프로그램의 목표가 이루어졌을 경우 어떤 효과가 있는가?

가. 활동 결과물을 타인에게 선물할 수 있다.

나. 활동 동안에 자신이 수행한 활동에 대하여 비하하거나 불만을 표시하지 않을 수 있다.

다. 자발적으로 새로운 활동계획이나 창의적인 활동을 계획할 수 있다.

라. 자발적으로 다음 활동에 대한 제안을 할 수 있다.

정답 :

【문제34】 다음과 같은 치유농업 프로그램의 목표가 이루어졌을 경우 어떤 효과가 있는가?

가. 20분 이상 실외 산책에 참석할 수 있다.

나. 활동 동안 치료사와 눈을 5번 이상 맞출 수 있다.

다. 10분 이상 협력하여 활동하는 작업에 참여할 수 있다.

라. 동료에게 먼저 인사를 건네고 협동 활동에서 자발적 의사표현을 할 수 있다.

정답 :

【문제35】 다음은 어떠한 유형의 대상자에 대한 특징인가?

가. 낮은 의사전달능력　　　　나. 이해력과 집중력 저하

다. 타인에 대한 높은 의존도　　라. 신체장애 동반 가능

정답 :

【문제36】 다음은 어떠한 유형의 대상자에 대한 특징인가?

가. 다양한 원예적 지식　　　　나. 신체허약(장기간 활동 어려움)

다. 건망증　　　　　　　　　　라. 경쟁이나 대화를 좋아함

정답 :

【문제37】 치유농업 프로그램 개발시 다음 사항을 유의해야 할 대상자는?

가. 기존 원예활동의 지속성 부여
나. 단순하고 난이도가 낮은 신체적 활동
다. 오감을 자극하는 식물 사용으로 흥미 유발
라. 다양한 식재시설(높은 화단이나 컨테이너)
마. 그룹 활동 및 가정에서도 가능한 활동

정답 :

【문제38】 W. Glasser가 주창한 심리치료 방법으로 인간의 모든 행동(혹은 생각, 감정)은 자신이 스스로 선택한 결과이기 때문에 치유농업고객의 건전한 가치관에 따라 스스로 문제를 해결하도록 하는 치료기법으로 WDEP (want-doing-evaluation-plan)단계를 따르는 것은?

정답 :

【문제39】 치유농업 프로그램 운영자 및 운영인력의 안전관리 구성요소 4가지를 쓰시오.

정답 :

【문제40】 다음은 성인 심정지 환자의 기본소생술 지침이다. 순서대로 나열하시오.

㉮ 맥박 및 호흡 확인 ㉯ 신고 및 제세동기 요청 ㉰ 환자 반응 평가
㉱ 고품질의 가슴압박 실시 ㉲ 기도 유지 ㉳ 인공호흡

정답 :

【문제41】 치유농업 프로그램이 시행되는 장소와 시기, 치유농업 단위활동 프로그램 중 운영자와 대상자의 상호관계와 대상자간의 상호관계, 대상자와 비대상자간의 상호관계, 프로그램 분위기 등을 파악하고 이를 평가하는 것을 무엇이라 하는가?

정답 :

【문제42】 프로그램 전 참여자의 상태를 파악하기 위해 이루어지는 평가는 무엇인가?

정답 :

【문제43】 다음 괄호 안에 들어갈 적절한 말은?

평가도구의 신뢰도는 (   )로 나타낸다. 이 계수는 0에서 1 사이의 값을 가지게 되는데, 값이 높을수록 신뢰도가 높은 평가도구이며, 일반적으로 크론바흐 알파계수가 0.6 이상인 평가도구를 선택한다.

정답 :

【문제44】 치유농업 프로그램의 평가목적 4가지를 쓰시오.

정답 :

【문제45】 치유농업 프로그램 평가자료 수집방법 중 문서나 서류점검을 통해 파악하기 곤란하거나 혹은 프로그램 평가를 위한 평가항목이나 근거 중에서 심층적으로 확인할 필요가 있을 경우 실시하는 방법은?

정답 :

【문제46】 프로그램 목표의 진술 원칙 3가지를 쓰시오.

정답 :

【문제47】 요구파악을 위한 서베이 방법 중 응답에 대한 높은 통제력을 갖는 방법은?

정답 :

【문제48】 참여자의 요구조건을 분석하기 위한 기법 중 전문가들의 식견, 직관 및
판단력을 효과적인 자원으로 활용하는 방법은?

정답 :

【문제49】 다음은 치유농업 대상자 요구의 우선순위 설정과정이다.
올바른 순서로 배열하시오.

가. 요구의 보편성과 중요도에 따라 순위별로 나열한다.
나. 프로그램으로 개발될 요구를 선정하고, 이에 대한 당위성을 간략히 기술한다.
다. 프로그램의 목표로 기술될 내용이 기관의 목적과 부합되는지를 점검한다.
라. 측정된 모든 요구의 리스트를 작성한다.
마. 요구분석의 결과를 프로그램의 구체적인 목표로 전환한다.

정답 :

【문제50】 다음 질문은 어떤 단계에서 할 수 있는 것인가?

가. 대상 집단이 우리 치유 운영기관에서 제공하는 활동에 적합한 사람들인가?
나. 어떤 대상 집단이 내가 제공하는 활동을 필요로 하는가?

다. 대상 집단에 대한 치유활동을 위한 재정이 확보 되었는가?

라. 평소 염두에 두었던 대상 집단에 접근 가능한가?

정답 :

【문제51】 다음에 하는 질문들은 어떤 체험의 자원분석에 해당될까요?

우선, 우리 농장의 인적, 물적, 문화, 활동 자원들을 활용하여 우리 농장을 찾아온 소비자들이 집단(그룹, 단체)으로 수행해야 하는 활동과 그 활동을 통해서 깨달을 수 있는 것은 무엇인지 질문해야 한다. 다음으로 우리 농장에서 어떤 활동을 하면 소비자들은 '다른 사람들과 그들이 속한 사회 또는 국가'에 대해 어떤 생각을 가질 수 있을까?에 대한 질문을 해야한다. 마지막으로 우리 농장에서 어떤 활동을 하면 소비자들은 '내 역할, 내가 가진 영향력, 소속감' 등에 대해 어떤 생각을 가질 수 있을까? 에 대한 질문이다.

정답 :

【문제52】 다음은 프로그램 평가과정이다. 바르게 연결하시오.

평가목적 설정 → 자료 수집 → 자료 분석 → 평가계획 수립 → 결과보고 및 활용방안 도출 → 결과보고서 작성 → 향후 프로그램 개선에 반영

정답 :

【문제53】 치유농업 프로그램 평가자료 수집 방법 중 다음의 방법은 무엇에 해당 되는가?

가. 문서나 서류점검을 통해 파악하기 곤란하거나 혹은 프로그램 평가를 위한
   평가항목이나 근거 중에서 심층적으로 확인할 필요가 있을 경우

나. 참가자와 치유농업사 등을 대상으로 근거자료를 수집하기 위하여 실시하는
   방법별 면담이나 집단면담, 포커스 그룹면담 등의 방법을 적용

정답 :

【문제54】 스트레스 척도, 학업적 자기효능감 척도는 치유농업 프로그램 평가도구 중 어느 영역에 포함되는 것인가?

정답 :

【문제55】 다음 괄호 안에 들어갈 적절한 말은?

( )는(은) 평가의 편리함, 높은 정확성, 일관성, 민감도, 그리고 통계 처리의 용이함 등으로 널리 사용되며 자조 활동과 운동성에 대한 훈련 시 지표가 되고 있으며, 개발 당시의 검사-재검사 신뢰도는 .89, 검사자간의 신뢰도는 .95이다.

정답 :

【문제56】 치유농업 프로그램 평가 중에서 의사결정에 영향력이 가장 큰 것은 무엇인가?

정답 :

【문제57】 현재 처해있는 상태(what is)와 미래의 바람직한 상태(what should be) 사이에 존재하는 격차 또는 조건을 지칭하는 단어로 프로그램 개발자가 이러한 차이나 조건을 파악해 내는 것은 무엇인가?

정답 :

【문제58】 한국형 UCLA 고독감 척도에 관한 설명이다. 괄호 안에 들어갈 말을 쓰시오.

Russell, Peplau, Ferguson(1978)이 개발하고 1980년에 수정 및 보완한 척도를 김옥수(1997)가 한국형으로 표준화한 척도를 인용했다. 사회적 관계를 기반으로 고독감 수준을 측정하기 위한 검사로, ( ),( ),( ) 과 같이 3개의 하위영역으로 구성되어 있다.

정답 :

【문제59】 일시적이고 변하기 쉬운 정동 상태를 빠르고 간편하게 규명하고자 하는 임상적인 필요성에 개발되었고 자기보고형 척도로서 7년 정도의 공교육을 받은 사람이면 누구나 쉽게 이해하고 검사를 수행할 수 있도록 제작된 심리 정서적 평가도구는?

정답 :

【문제60】 가설을 검증하는 방법인 추리통계 분석방법 4가지를 쓰시오.

정답 :

【문제61】 통계의 유형은 기능에 따른 분류에서 기술통계 분석 방법 4가지를 쓰시오.

정답 :

【문제62】 다음 빈칸을 채우시오

치유농업은 목적에 따라 (가)중심, (나)중심, (다)중심으로 구분할 수 있다. 영역에 따른 치유농업 분류는 (라)중심, 치유 중심으로 구분할 수 있다.

정답 :

【문제63】 다음 빈칸을 채우시오

치유농업 프로그램의 효과 평가를 위한 집단 수에 따라 1개 집단은 (   )검정, 2개 집단은 (   )검정으로 달리 이용된다.

정답 :

【문제64】 치유농업 프로그램 활동 계획 시 준비단계에서 고려해야 할 사항을 쓰시오.

> 정답 :

【문제65】 다음은 농장형 치유농업 프로그램 개발절차이다. 보기를 보고 순서대로
배열하시오.

> 가. 농장 보유 자원분석
> 나. 대상자 분석
> 다. 프로그램 초안 작성
> 라. 치유문제와 관련된 체험 강화
> 마. 시나리오 작성
> 바. 대상자 특징 및 수준에 따른 내용 조정
> 사. 프로그램 완성 및 개요 작성
> 아. 자원활용 정도, 체험모듈의 균형도 분석 및 조정
>
> 정답 :

【문제66】 다음은 농업체험 프로그램의 유형 중 하나입니다. 무엇을 설명하는 내용인가?

> 가. 시각, 청각, 촉각, 후각 미각 등의 오감을 자극할 수 있는 자원
> 나. 즐거움, 흥분, 아름다움, 만족감 등 제공
> 다. 감각은 명확하고 확실히 구별되며, 생생하고 또렷할수록 좋음
>
> 정답 :

【문제67】 다음은 농업체험 프로그램의 유형 중 하나이다. 설명에 해당되는 체험은?

> "놀라움, 호기심, 흥미를 통한 창조적으로 문제를 해결하고자 하는 체험"
>
> 정답 :

【문제68】 다음은 농업체험 프로그램의 유형 중 하나이다. 무엇을 설명하는 내용인가?

가. 가벼운 기분에서부터 강한 감정상태까지 자극의 변화를 느끼는 성질

나. 즐거움, 감동, 자부심, 쾌락, 사랑, 낭만, 흥분, 향수, 행복감, 만족감, 안심, 평화로움 등

다. 기분과 감정을 자극하는 체험

정답 :

【문제69】 Bernad Schmitt의 체험을 구성하는 전략적 체험 모듈 중 이용자들에게 육체적 경험의 강화뿐만 아니라 행동 패턴 생활방식이나 새로운 상호작용에 관련된 자극이 주어지는 체험은 무엇인가?

정답 :

【문제70】 Bernad Schmitt의 체험을 구성하는 전략적 체험 모듈 중 감각, 감성, 인지, 행동 체험을 종합한 체험으로 다른 사람 혹은 사회, 문화와 같은 추상적인 집단과의 연결고리를 의미하는 것은 무엇인가?

정답 :

【문제71】 실내에서 재배되는 독성식물 중 잎을 먹으면 입과 혀가 부어서 음식물을 삼키거나 말하는데 어려움이 생기고 체내에 흡수되면 점막에 염증을 유발하는 식물은?

정답 :

【문제72】 천연 항생제라고 불릴 만큼 항생물질이 내재되어 있는 약용식물로 청혈, 해독, 이뇨폐렴, 말라리아, 수종, 습진치료에 효과가 있으며, 태평양 전쟁 당시 일본군이 주둔하던 방영지 주변에는 항시 재배하여 사용하였다는 물고기의 비린내가 나는 식물은?

정답 :

【문제73】 정원에서 기르면 관상가치가 높은 식물이지만 심장 흥분제로 쓰이는 글리세라이드를 함유하고 있어 건조 상태로 보관하더라도 사람이나 가축이 먹었을 경우 치명적인 식물은?

정답 :

【문제74】 치유농장의 주요 대상 중 재활 중심형 치유농장의 주요 대상 4가지를 쓰시오.

정답 :

【문제75】 치유농장의 주요 대상 중 치료 중심형 대상 4가지를 쓰시오.

정답 :

【문제76】 치유농업 프로그램 운영자 이용자 만족도 측면의 지표내용 4가지를 쓰시오.

정답 :

【문제77】 다음 괄호 안에 들어갈 적절한 말은?

( )은(는) 동일한 집단 내에서 종속변수에 따른 차이 규명 시 사용되는 방법으로, 평가집단이 동일할 때(예: 치유농업 프로그램에 참여자로만 구성된 1개 집단) 프로그램 전후의 변화를 검증한다.

정답 :

【문제78】 다음 괄호 안에 들어갈 적절한 말은?

Zimet, G.(1988)등이 MSPSS척도를 개발하고 신준섭과 이영분(1999)이 번안하여 사용한 척도이다. 친구, 가족, 주요 타인을 하위차원으로 하여 개인이 지각하고 있는 ( )를(을) 측정하며, 총점이 높을수록( )가 높은 것을 의미한다.

정답 :

【문제79】 치유농업의 효과영역의 종류를 4가지 쓰시오.

정답 :

【문제80】 치유프로그램의 목표대상 중 생애주기별 4가지 대상을 쓰시오.

정답 :

【문제81】 아동 대상의 치유농업을 위한 협업 가능한 단체 및 기관을 쓰시오.

정답 :

【문제82】 다음은 의식주로 즐기는 치유농업 프로그램의 구성요소이다. 설명에 해당하는 라이프 스타일의 유형은?

생명이 있는 식물로 실내·외 공간을 가꾸고, 장식하며 자연과 타인에게 감사한 마음을 가짐

정답 :

【문제83】 다음은 의식주로 즐기는 치유농업 프로그램의 구성요소이다. 설명에 해당하는 라이프 스타일의 유형은?

치유농업의 정원활동으로 정서적인 안정과 자신을 가꾸고 소중히 여기는 마음을 가짐

정답 :

【문제84】 다음은 의식주로 즐기는 치유농업 프로그램의 구성요소이다. 설명에 해당하는 라이프 스타일의 유형은?

직접 기른 채소 및 기능성 식물로 요리하여 함께 나누는 과정에서 건강을 유지

정답 :

【문제85】 치료중심형 치유농업에 대한 설명이다. 틀린 내용을 바르게 고치시오.

가. 치료중심 치유농업은 서비스의 목적에 따라 예방중심형, 치료중심형, 재활중심형
  으로 세분화 된다.
나. 치료중심형 치유농업은 질병을 앓고 있는 대상자의 치료가 목적이다.
다. 치료중심형 치유농업은 모든 국민이 대상자이다.
라. 치료중심형 치유농업은 농업 농촌자원과 이와 관련된 활동을 치유농업사가
  제공한다.

정답 :

【문제86】 인생에 대한 다양한 경험이 많은 노인을 대상으로 치유농업 프로그램을 실시 할 때 적용할 수 있는 가장 적합한 기법은?

정답 :

【문제87】 현실치료 단계를 원예치료에 적용한 사례이다. 틀린 내용을 바로잡으시오.

가. E단계: 희망꽃볼 만들기 – 미래를 계획하기
나. W단계: 차 마시기 – 래포형성
다. P단계: 리스 만들기 – 행동이 원하는 방향으로 가고 있는지를 질문하기
라. D단계: 압화 액자 만들기 – 행복한 자원을 탐색하기

정답 :

【문제88】 우울감 감소를 위한 치유농업 프로그램 진행 시 나타나는 우울감소의 단계를 적은 것이다. 올바른 순서로 다시 배열하시오.

기분전환 및 향상 → 지지적, 상호 교류적 활동 → 긍정적인 상호교류의 증가,
긍정 요인 강화 → 우울감소 및 개선

정답 :

【문제89】 눈과 손의 협응력 향상을 위한 치유농업의 구체적인 목표 4가지를 쓰시오.

정답 :

【문제90】 외상성 뇌손상 환자를 대상으로 문제행동 수정과 실행능력 향상을 목적으로 다음과 같은 프로그램을 진행하였다. 어느 영역의 치유 효과를 얻기 위한 것인가?

가. 화분에 관수할 때, 물주기 전 시간을 두고(속으로 10까지 숫자를 세고)다음 화분에 물을 줄 수 있다.

나. 치유농업 운영자가 혼합물을 만들 때 필요한 재료를 모아 주면 참여자는 독립적으로 작업수행을 시작할 수 있다.

정답 :

【문제91】 의식이 없는 환자의 상태 파악에서 가장 먼저 확인해야 하는 것은?

정답 :

【문제92】 인공지반형 치유농업 공간조성 효과 4가지를 쓰시오.

정답 :

【문제93】 치유농업 서비스 평가 결과보고서 작성 시 프로그램 운영평가 지표 4가지는?

정답 :

【문제94】 치유농업 서비스 평가시 이용자 만족도 관련 지표 4가지는?

정답 :

【문제95】 치유농업 서비스 운영인력의 평가 내용을 4가지 이상 쓰시오.

정답 :

【문제96】 치유농업 참여자의 평가항목에 해당하는 내용을 4가지 이상 쓰시오.

정답 :

【문제97】 치유농업 프로그램 운영 사후 평가 중 성과 측면의 4대 지표항목을 쓰시오.

정답 :

【문제98】 치유농업 환경조성에서 페르소나[persona]작성이란 무엇인가?

정답 :

【문제99】 치유농업시설 전문인력 고려 사항을 4가지 쓰시오.

정답 :

【문제100】 치유농업 프로그램을 실행하는 과정에서 참여자가 화상을 입은 경우에 어떻게 대응해야 하는지를 쓰시오.

정답 :

【문제1】 다음 빈칸을 채우세요.

종자보증을 받으려면 (가), (나)로부터 작물의 고유특성이 잘 나타나는 생육기에
(다)회 이상 (라)를 받게 된다. 포장검사를 합격한 종자에 대해서는 종자의
규격, 순도, 발아, 수분 등의 (마)를 실시한다.

정답 :

【문제2】 멀칭의 효과 및 배토의 효과를 기술하시오.(6가지 이상)

정답 :

【문제3】 치유농업과 사회서비스를 연계하기 위한 3가지 전략에 대해서 쓰시오.

정답 :

【문제4】 피아제의 인지발달 이론에서 형식적 조작기란 어떠한 기간인가?

정답 :

【문제5】 관엽식물의 특징과 기능, 그리고 치유농업에의 활용에 대해 쓰시오.

정답 :

【문제6】 도시지역, 관리지역, 농림지역, 자연환경보전지역에 대하여 답하시오.
아래의 빈칸에 알맞은 답을 적으시오.

(1)	토지의 이용 및 건축물의 용도 건폐율, 용적률, 높이 등을 제한함으로써 토지를 경제적, 효율적으로 이용하고 공공복리의 증진을 도모하기 위하여 서로 중복되지 아니하게 도시·군관리계획으로 결정하는 지역	(4) : 인구와 산업이 밀집되어 있거나 밀집이 예상되어 그 지역에 대해 체계적인 개발, 정비, 관리, 보전 등이 필요한 지역	(8) : 자연환경 농지 및 산림의 보호, 보건위생, 보안과 도시의 무질서한 확산을 방지하기 위하여 녹지의 보전이 필요한 지역
		(5) : 도시지역의 인구와 산업을 수용하기 위해 도시지역에 준하여 체계적으로 관리하거나/농림업의 진흥 자연환경 또는 산림의 보전을 위하여 농림지역 또는 자연환경 보전지역에 준하여 관리할 필요가 있는 지역	(9) : 도시지역으로의 편입이 예상되는 지역이나, 자연환경을 고려하여 제한적인 이용, 개발하려는 지역으로 계획적, 체계적 관리가 필요한 지역
			(10) : 농업, 임업, 어업 생산 등을 위하여 관리가 필요하나 주변용도지역과의 관계 등을 고려할 때 농림지역으로 지정하여 관리하기가 곤란한 지역
			(11) : 자연환경 보호, 산림보호, 수질오염 방지, 녹지공간 확보 및 생태계 보전 등을 위해 보전이 필요하나 주변 용도지역과의 관계 등을 고려할 때 자연환경보전지역으로 지정하여 관리하기가 곤란한 지역
		(6) : 농림업을 진흥시키고 산림을 보전하기 위하여 필요한 지역(도시지역에 속하지 아니하는 농지법에 따른 농업진흥지역 또는 산지관리법에 따른 보전산지 등)	
		(7) : 자연환경, 수자원, 해안, 생태계, 상수원 및 문화재의 보전과 수산자원의 보호, 육성 등을 위하여 필요한 지역	
(2)	토지의 이용 및 건축물의 용도, 건폐율, 용적률 높이 등에 대한 용도지역의 제한을 강화하거나 완화하여 적용함으로써, 용도지역의 기능을 증진시키고 경관·안전 등을 도모하기 위하여 도시·군관리계획으로 결정하는 지역		
(3)	토지의 이용 및 건축물의 용도, 건폐율, 용적률, 높이 등에 대한 용도지역 및 용도지구의 제한을 강화화하거나 완화하여 따로 정함으로써, 시가지의 무질서한 확산 방지, 계획적이고 단계적인 토지이용의 도모, 토지이용의 종합적 조정, 관리 등을 위하여 도시·군관리계획으로 결정하는 지역		

정답 :

【문제7】 다음 빈칸에 알맞은 말을 넣으세요.

> 국화의 자연개화는 6~11월이며, 6월에 피는 (가)과 7~9월에 피는 (나)은
> (다)에 영향을 받고 추국은 (라)의 영향을 받는다.
>
> 정답 :

【문제8】 농업 농촌 및 식품산업기본법 제3조에서 명시하는 농업농촌의 공익기능 중
전통문화 보전 및 지역사회 유지기능 4가지를 쓰시오.

> 정답 :

【문제9】 다음은 장애 범주의 분류기준표이다. 이를 참고하여 치유농업 서비스
특수목적 대상에서 정신장애의 세분류 4가지를 쓰시오

> 정답 :

【문제10】 멀칭, 배토, 정지, 유인, 적화, 적과, 복대의 의미를 각각 쓰시오.

> 정답 :

【문제11】 치유농업시설 조성 시 접근성, 편리성, 안전성을 고려하여야 한다.
이 3가지의 고려사항에 대한 각각의 세부 시설을 쓰시오.

> 정답 :

【문제12】 치유농업 운영평가 항목에는 어떤 것이 있는지 쓰시오. (5가지)

정답 :

【문제13】 다음은 치유농업의 사회·경제적 가치평가방법에 대한 표이다.
빈칸을 채우시오.

구분		가치평가 방법
직접법	(가)	• 비시장적 재화의 변화에 대한 가상적 상황을 설정하고 여러 조건을 부여한 후 각각의 상황변화에 대해 어느 정도 지불의도 (Willing to Pay, WTP)를 가졌는지에 대한 응답을 분석
간접법	대체법	• 비시장적 재화의 가치를 대체 가능한 재화나 용역에 대해 기술적이고 공학적인 방법을 계산하는 평가법. 대체재에 대한 엄격한 선정이 중요
	(나)	• 특정 재화의 화폐가치를 평가하는 질문을 직접적으로 제기 하지 않고 하나 이상의 특정 속성 대안들을 포함하는 선택이나 선택 집합을 제시하여 다중속성과 피조사자의 지불 의사액 간의 상충 관계까지 추정 가능
	(다)	• 비시장적 재화의 수준이 자산의 가치에 영향을 미치는 영향을 분석하여 편익을 추정하는 방법. 다양한 영향요인을 고려한 과학적 접근 필요
	(라)	• 특정 지역에서 지출하는 비용을 분석하여 비시장적 재화의 가치를 평가하는 방법. 지역 방문 여부와 횟수에 대한 결정 문제를 분리하는 것이 중요

정답 :

【문제14】 치유농업에 자주 활용되는 허브의 특징과 대표 허브 4가지를 쓰시오.

정답 :

【문제15】 다음 빈칸에 알맞은 말을 넣으세요.

> 인체는 (가), (나), 그리고 (다)를 가진 단순하면서도 정교한 기능적 단위의
> 통합체계이다. 즉 인체는 (가)를 통해 여러 가지 정보를 수집하고 수집된 정보를
> 여러 경로로 (나)를 통과시키며 (라)를 생성하고, 근육을 통해 (라)를 구체적인
> 움직임으로 만들어 낸다.
>
> 정답 :

【문제16】 치유농업에서 추억을 일으키는 식물 4가지를 쓰시오.

> 정답 :

【문제17】 다음 빈칸에 알맞은 말은 넣으세요.

> 인간이 경험하는 현실세계는 실제로 존재하는 현실세계를 경험하는 것이 아니라
> 자신만의 감각체계 (가), (나)를 거쳐 해석한 (다)이다. (라)는 지각된
> 세계의 일부분으로 자신의 욕구와 부합하는 구체적인 것들을 저장해 놓은 곳이다.
> (라)와 (다)가 다를 수 있는데 그 차이가 클수록 인간은 불만족을 느끼게 된다.
>
> 정답 :

【문제18】 식물매개로 한 치유농업을 하기 위해서는 농업농촌녹색환경과 농작업,
인적상호작용이라는 조건을 갖추어져야 한다. kaplan이 주장한 4가지
상호작용 요소를 쓰시오.

> 정답 :

【문제19】 18번 문항과 관련해서 식물매개로 한 치유농업 효과 4가지를 쓰시오.

> 정답 :

【문제20】 다음 빈칸에 알맞은 말을 넣으세요.

프로그램 대상자 안전수칙은 (가)과 (나)으로 구성된다. 이러한 안전사고 및 재난사고에 대비하여 치유농업 시설 내 비상약품 등을 비치하며 정기정인 (다) 교육을 통해 프로그램 운영인력 및 대상자가 응급 상황 시 (다)과 목에 음식물이 걸리거나 막혔을때 시행하는 (라)을 시행할 수 있도록 해야 한다.

정답 :

【문제21】 주의회복이론[Stephen & Kaplan]에서 4가지 요소를 쓰시오.

정답 :

【문제22】 독성식물(독버섯, 천남성과 식물 등)의 섭취 시 대응수칙을 기술하세요.

정답 :

【문제23】 다음 빈칸에 알맞은 말을 넣으세요.

다음의 성인 심정지 환자의 기본소생술 실습 단계 중 빈칸을 채우세요.
1단계 : 환자반응
2단계 : 신고 및 제세동기 요청
3단계 : (가)맥박 및 호흡확인(10초이내),
4단계 : (나)고품질의 가슴압박 시행
5단계 : (다)기도유지
6단계 : 인공호흡
7단계 : (라) 심폐소생술 반복

정답 :

【문제24】 치유농업 시설 안전 오리엔테이션에서 이루어지는 주요 활동 중 보호구
착용 권유(장갑, 부츠, 헬멧, 작업복 등) 제외한 4가지를 쓰시오.

정답 :

【문제25】 다음에서 설명하는 사회적비용 증가문제는 무엇인가?

생활양식 변화에 따라 아토피, 천식 등 환경성 질환 크게 증가

정답 :

【문제26】 다음과 같은 인간의 사회성 발달을 제시한 사람은 누구인가?

성격에서 이득 보다는 자아의 역할을 중시한 자아-심리학의 창시자로 어린이가
사는 환경은 성장과 발달에 결정적인 자아 정체성의 원천이 된다고 주장하였다.
이 이론의 각 발달단계는 긍정과 부정의 대립되는 두 항으로 구성되어 있다.

정답 :

【문제27】 다음은 해외 치유농업 사례이다, 빈칸을 채우시오.

가. (ㄱ) - 농업인 교육훈련센터, 치유농장 인정 방안 마련, 치유농장
   400여 개 이상
나. (ㄴ) - 국가치유농업계획 수립, 치유농업 프로그램(멘토링, 퍼실리테이터),
   개인, 도시연계 농장
다. (ㄷ) - 400개 병원과 사회재활센터, 180여 개 커뮤니티, 500여 개 녹색
   작업장에 건강보험 직업병 치료 항목에서 예산 지원, 청소년, 고용·재활 중점
라. (ㄹ) - 정부 부처 통합위원회 구축(농림부 주관), 품질관리 및 보증제도
   운영, 치유 농장 협약제도, 치유농업 학위과정 및 평생교육, 국가재정 지원

정답 :

【문제28】 다음은 매슬로우 욕구위계의 단계설이다. 빈칸을 채우시오.

> 가. 1단계 : (   )
> 나. 2단계 : (   )
> 다. 3단계 : (   )
> 라. 5단계 : (   )
>
> 정답 :

【문제29】 인간의 부적응행동 또는 이상심리는 환경이나 무의식 따위에서 유발되는 게 아니고, 그 사람이 지닌 왜곡되고 부정확한 신념체계, 즉 비합리적 신념 때문에 발생한다고 보는 모델의 이름은?

> 정답 :

【문제30】 스키너의 행동수정이론 중 다음 설명에 맞는 원리는?

> 바람직한 행동을 여러 단계로 나누어 강화함으로써 점진적으로 바람직한 행동에 접근하도록 유도하는 방법이다. 교사가 아동의 분주한 행동에는 무관심한 반응을 보이고, 교사의 설명에 주의를 기울일 때 반드시 관심 또는 칭찬을 보임으로써 점차 바람직한 행동으로 유도하는 것을 그 예로 들 수 있다.
>
> 정답 :

【문제31】 다음의 치유농업의 정의이다. 빈칸에 들어갈 말은?

> 치유농업법에 규정한 치유농업(agro-healing)이란 '국민의 건강 (가) 및 (나)·(다)을 도모하기 위하여 이용되는 다양한 농업·농촌자원(이하 '치유농업자원')의 활용과 이와 관련한 활동을 통해 사회적 또는 경제적 부가가치를 창출하는 산업'을 의미한다.
>
> 정답 :

【문제32】 다음 내용 중 6차 산업의 특징에 해당하는 것만 골라 기호로 표시하시오.

가. 지역농업 지향적
나. 소비자 및 농촌 지향적
다. 협업체계 구축 및 네트워크 강화
라. 경영관리 역량
마. ICT 도입을 통한 고도화 촉진

정답 :

【문제33】 한국형 치유농업 정책 방향 중 서비스 목적 유형 3가지와 시설유형 3가지를 쓰시오.

정답 :

【문제34】 외상성 뇌손상 환자를 대상으로 문제행동 수정과 실행능력 향상을 목적으로 다음과 같은 프로그램을 진행하였다. 어느 영역의 치유 효과를 얻기 위한 것인가?

가. 화분에 지킬 때, 물주기 전 시간을 두고(속으로 10까지 숫자를 세고) 다음 화분에 물을 줄 수 있다.
나. 치유농업 운영자가 혼합물을 만들 때 필요한 재료를 모아 주면 참여자는 독립적으로 작업수행을 시작할 수 있다.

정답 :

【문제35】 다음은 어느 국가의 치유농업을 나타낸 것인가?

가. 1999년 국가 지원센터에서 시작
나. 보건복지체육부, 경제부에서 담당
다. 관련정책으로는 가정돌봄과지원, 노인돌봄, 아동학대, 주거돌봄, 청소년 정책 등
라. 국가지원을 통한 성장은 끝났다고 판단하고, 국가 예산은 점차 줄어들고 있는 상황

마. 더 양질의 치유농업서비스 제공과 전문화를 위해 치유농업서비스를 통한 효과 평가에 관한 연구 진행

정답 :

【문제36】 세포는 세포 외 물질과 더불어 인체의 기본조직을 이루며, 조직은 기능적 단위를 형성하여 기관의 구성물이 된다. 조직은 세포가 엮여서 형성된 구조물로 상피조직, 결합조직, 근육조직, 신경조직의 4가지 조직으로 구분되는데 이 중 뇌, 척수, 말초신경의 조직으로 신호전달을 담당하는 신경세포와 신경세포를 지지하는 신경교세포로 이루어져 있는 조직은?

정답 :

【문제37】 다음의 내용은 매슬로우의 어느 단계 욕구와 연결되는 내용인가?

정원을 포함한 농업활동은 아름다움을 감상하고 식물의 생장사를 간접적으로 경험할 수 있으며 식물과 동물을 돌보는 과정에서 인간 삶의 과정을 이해하고 알아가는 지각을 가질 수 있다.

정답 :

【문제38】 다음 빈칸에 들어갈 말은?

치유농업 현장에서 활용할 수 있는 생리 검사 방법으로는 (가), (나), (다), (라),체질량지수 측정 등이 있다.

정답 :

【문제39】 아래와 같은 특징을 가진 병명을 쓰시오.

> 뇌가 전체적으로 위축되어 있고, 대뇌 피질에 노인반이 많다.
> 대뇌 피질에 침착물이 많이 부착되어 있다.
>
> 정답 :

【문제40】 다음은 사회보장기본법 제3조에 나오는 사회보장 개념이다.
( )에 해당되는 용어는?

> ( )란 국가와 지방자치단체의 책임하에 생활유지 능력이 없거나 생활이 어려운
> 국민의 최저생활을 보장하고 자립을 지원하는 제도
>
> 정답 :

【문제41】 다음의 사례는 치유농업 프로그램 과정에서 사용할 수 있는 어떤 의사소통
방식을 나타낸 것인가?

> 가. 상황: 여러분 모두, 씨앗을 매우 자세히 살피고 씨앗을 뿌리는 동안 말씀이
> 거의 없이 조용하셨어요.
> 나. 사고: 저는 그런 여러분의 모습을 보면서 '고도의 집중을 하고 계시는구나' 라고
> 생각했어요. 솔직히 활동을 준비하면서 간단한 활동이라 지루해하시면 어쩌나
> 약간의 우려도 있었는데.
> 다. 감정(느낌): 집중하는 여러분의 모습을 보니 다행스럽고 기운이 납니다.
>
> 정답 :

【문제42】 다음은 치유농업 정책과제도의 도입배경과 필요성이다. 빈칸의 단어를
바르게 기록한 것은?

가. 저출산, 고령화 등으로 대표되는 우리나라 인구구조 변화 현상이 건강한 삶에
대한 국민의 새로운 요구에도 영향을 미치고 있다. (   )는 낮고, 우울증 및
자살자 증가 등 정신질환 경험자가 증가하는 반면 건강한 삶에 대한 욕구 증가로
국민의 기대수명은 지속적으로 증가하고 있다.
나. 기존의 생산 중심의 경제기반에서 농업농촌의 (   )을 바탕으로 새로운 가치
인 치유농업의 산업 생태계 조성이 필요한 시점에 이르렀다.
다. 치유농업은 (   )의 확대, 사회적 비용증가에 대한 대책과 삶의 질 향상,
산업과 고용 창출 등을 배경으로 하여 관련 정책 및 사업이 추진되고 있다.

정답 :

【문제43】 아래 내용은 동물의 역할 중 무엇에 대한 설명인가?

대화를 시작하거나 이어주는 역할을 할 수 있으며, Arkow(1982)는 이 과정을 '잔물
결 효과'라고 설명하였는데, 동물의 존재 자체가 안정감을 주고 신뢰감을 증진시킨다
고 말하고 있다.

정답 :

【문제44】 치유농업 자원 중 동물자원의 역할을 4가지 쓰시오.

정답 :

【문제45】 곤충의 한살이는 완전탈바꿈(완전변태)와 불완전탈바꿈(불완전변태)로
나뉜다. 각각 설명하고 각 예시 곤충을 두 가지씩 쓰시오.

정답 :

【문제46】 동물 교감치유 효과에 대한 학술적 이론에 대한 설명이다.
빈칸을 채우시오.

구분	이론	효 과
가	(ㄱ)	동물매개치료 동안에 대상자는 산책하기 등의 간단한 작업을 통하여 성취감을 느끼며, 자기효능감을 높일 수 있다.
나	(ㄴ)	본성으로 어머니와 강한 애착을 갖는 유아기에 머물러 있는 문제 대상자들에게 동물과의 유대 형성 경험을 통하여 건전한 애착의 경험을 갖게 하고, 주변 대상자들에 자연스러운 애정 분산 효과를 얻을 수 있으며, 발달된 사회적 유대로 확장할 수 있다.
다	(ㄷ)	사람은 자연의 일부이고 동물 또한 자연의 일부라, 양자 간에는 자연스러운 친화에 의한 유대감을 가지고 있다. 대상자들은 동물과의 접촉을 통하여 강한 유대감을 얻을 수 있으며, 이러한 유대감이 대상자의 심리적, 정신적 안정감을 유도한다.
라	(ㄹ)	대상자는 동물을 돌보는 활동을 통하여 대처능력이 향상되고, 자존감 향상 및 자기효능감 향상과 자기지지가 높아진다.

정답 :

【문제47】 동물 교감 치유 효과에 대한 학술적 이론은 다양한 이론들이 있으며, 그 중에서 대표적인 학술적 이론 근거로 인지이론, 애착이론, 자연친화설, 학습이론으로 치유 효과 유도에 대한 근거를 설명할 수 있다.
이 중 다음 설명에 해당 하는 이론은?

사람은 자연의 일부이고 동물 또한 자연의 일부라, 양자 간에는 자연스러운 친화에 의한 유내감을 가지고 있다. 대상자들은 동물과의 접촉을 통하여 강한 유대감을 얻을 수 있으 며, 이러한 유대감이 대상자의 심리적, 정신적 안정감을 유도한다.

정답 :

【문제48】 다음은 농지법에 따른 시설 가능 범위를 나타낸 것이다.
(   )에 알맞은 말을 쓰시오.

> 농업진흥구역에서 할 수 있는 행위로 교육·홍보시설 또는 자기가 생산한 농수산물과
> 그 가공품을 판매하는 시설로서 그 부지의 총면적이 (   )㎡ 미만인 시설
> 농업보호구역에서 할 수 있는 행위로 관광농원사업으로 설치하는 시설로서 농업보호
> 구역 안의 부지면적이 (   )㎡ 미만인 것
>
> 정답 :

【문제49】 바닥 포장재의 종류별 특징 중 장점과 단점을 설명한 것이다. 어떤 소재인가?

> 장점 : 경사지 마찰력 제공, 실내 오염물질 유입 방지, 관련규제 위험도 하
> 단점 : 곡선형태 동선 설치 어려움, 휠체어 이동에 제약, 설치할 때 고비용 발생
>
> 정답 :

【문제50】 다음 치유농업 환경조성에서의 단계별 순서를 바르게 나열하시오.

> 가. 대상자 특성에 대한 자료 조사와 분석
> 나. 치유공간 기본계획 수립
> 다. 행동양식을 파악하고 공간조성의 기본 자료 수집
> 라. 이해관계자 지도 작성과 증거에 기반한 디자인
>
> 정답 :

【문제51】 다음에서 설명하는 온실의 종류는?

> 가. 경사진 측벽은 결로현상을 유발한다.
> 나. 아래쪽 환기창은 통풍기류를 촉진한다.
> 다. 지붕 반사각은 빛의 반사를 최소화한다.
> 라. 하부까지 이어지는 대형 유리를 설치할 경우 교체비용이 높다.
>
> 정답 :

【문제52】 다음은 채소의 분류 중 식용부위에 따른 분류이다. 빈칸을 채우시오.

가. (   ) : 뿌리가 덩이로 된 채소로 고구마, 마, 카사바 등

나. (   ) : 뿌리줄기가 덩이로 된 채소로 생강, 연근, 고추냉이 등

다. (   ) : 뿌리가 곧은 채소로 무, 당근, 우엉 등

라. (   ) : 줄기가 덩이로 된 채소로 죽순, 토당귀 등

정답 :

【문제53】 다음은 과수의 분류이다. 빈칸을 채우시오.

가. (   ) : 씨방이 발육하여 식용 부분으로 자란 열매로 감귤류, 포도, 복숭아, 감 등

나. (   ) : 씨방이 피충이 발달하여 과육부위가 되고 씨방은 과실 안쪽에 위치하여
          과심 부위가 되는 과실로 사과, 배 등

다. (   ) : 감, 감귤, 오랜지 등

라. 핵과류 : 복숭아, 자두, 살구, 매실 등

마. (   ) : 포도, 무화과, 블루베리, 아몬드 등

정답 :

【문제54】 아래 내용은 토지 법률에 대한 내용이다. 무엇에 대한 설명인가?

『토지의 이용 및 건축물의 용도, 건폐율(건축법 제55조의 건폐율을 말한다, 이하 같다)
용적률, 높이 등을 제한함으로써 토지를 경제적, 효율적으로 이용하고 공공복지의 증진을
도모하기 위하여 서로 중복되지 아니하게 도시, 군 관리 계획으로 결정하는 지역』

정답 :

【문제55】 다음은 치유농업 프로그램의 개발 절차 중 목표 설정 관련이다.
          순서를 마르게 나열하시오.

가. 프로그램 잠재적 고객집단을 정확히 파악한다.

나. 프로그램 대상자들의 요구를 정확히 측정한다.

다. 실현 가능한 요구를 선정하여 이를 토대로 구체적인 프로그램 목표를 진술한다.
라. 프로그램 목표가 환경맥락의 변화추세 및 프로그램 제공기관이나 후원단체 등의
   이념이나 방향과 일관되도록 설정한다.
마. 프로그램의 적절한 규모와 범위 및 기간을 결정한다.
바. 가시적 성과의 측정이 가능하도록 프로그램 목표를 설정하고, 그 성과를 홍보에
   활용하도록 한다.

정답 :

【문제56】 다음 설명에서 대상자 요구 분석 방법 중 어떤 기법을 말하는가?

1단계: 해당 분야의 전문가들을 선정하여 조사대상 집단을 구성한다.
2단계: 특정 주제에 대한 요구 또는 핵심 이슈에 대한 전문가들의 견해 파악을 위한
       질문지를 송부한다.
3단계: 1차 조사를 통해 파악된 견해를 요약한 후 2차 질문지를 개발하여 다시
       2차로 송부한다.
4단계: 2차 조사 자료에 대한 기본적인 통계 분석 후 결과를 정리하여 다시 3차
       질문지를 개발한 후 3차로 다시 조사 대상 집단에게 송부한다.
       지난번 평정내용 수정 및 이유를 제시한다.
5단계: 3차 조사 결과를 다시 통계처리한 후 다수 의견과 소수 의견을 요약한 후
       다시 4차 질문지로 개발하여 송부함으로써 지금까지 의견을 최종적으로
       수정할 기회를 제공한다.

정답 :

【문제57】 다음은 대상자 요구의 우선순위 설정 과정이다. 옳게 나열하시오.

가. 구분석의 결과를 프로그램의 구체적인 목표로 전환한다.
나. 요구의 보편성과 중요도에 따라 순위별로 나열한다.
다. 프로그램으로 개발될 요구를 선정하고 이에 대한 당위성을 간략히 기술한다.
라. 프로그램의 목표로 기술될 내용이 기관의 목적과 부합되는지를 점검한다.
마. 측정된 모든 요구의 리스트를 작성한다.

정답 :

【문제58】 다음의 표를 채우시오.

단계별	준비내용
예행연습 (리허설)	프로그램 실행 전에 세부 일정표에 따라 프로그램의 장소, 필요장비, 소요시간, 이동경로, 안내 포인트 등을 정한다.
(가)	프로그램 참여를 위한 이동시 거리가 먼 경우, 경운기, 우마차, 전동차 등 방문객의 흥미를 유발할 수 있는 이동수단을 준비한다.
(나)	프로그램 참여일정 및 인원에 따라 적절히 조절해야 하며, 프로그램 대상자가 원할 경우 농가 민박도 활용이 가능하도록 준비해야 한다.
(다)	치유농업 프로그램의 주요 활동(원예, 승마, 산림욕, 황토방, 쑥뜸, 웰빙 식단 등)에 대한 사전 준비 상태를 점검한다.
(라)	치유농업 프로그램이 이루어질 장소에 대한 안전점검이 사전에 이루어져야 하며, 사고와 부상에 신속하게 대응할 수 있도록 긴급 상황에 대한 후송수단 및 비상 연락망이 갖추어져야 한다.
(마)	갑작스런 소나기, 강풍, 눈 등 기상악화에 대비한 프로그램이 준비되어야 하며, 실내에서 대체할 수 있는 프로그램 및 공간이 마련되어야 한다.

정답 :

【문제59】 다음 빈칸에 알맞은 말은?

치유농업 프로그램 실행 전 시설을 준비 점검하여 프로그램 대상자의 (   ) 과
(   )을 높이도록 한다.

정답 :

【문제60】 다음 빈칸에 알맞은 말은?

치유농업 프로그램의 평가과정은

가. 평가의 목적을 확인하고,

나. (ㄱ), (ㄴ) 구체적 평가계획을 수립하고, (ㄷ), (ㄹ) 자료를 수집하고, 수집된 자료를 분석하며, (ㅁ) 및 활용방안을 도출하는 과정을 거쳐 마지막으로 결과보고서를 작성한다. 평가는 결과보고서 작성으로 끝나는 것이 아니라, 보고된 평가 결과가 향후 프로그램 개선에 반영되는 환류 개선 과정을 거쳐야 비로소 완결된다.

정답 :

【문제61】 치유농업 프로그램 평가방법에 영향을 미치는 것 3가지를 쓰시오.

정답 :

【문제62】 심리 정서적 영역의 효과 평가도구의 측정 변인 4가지를 쓰시오.

정답 :

【문제63】 한국형 UCLA 고독감 척도에 관한 설명이다. 괄호 안에 들어갈 말은?

Russell, Peplau, Ferguson(1978)이 개발하고 1980년에 수정 및 보완한 척도를 김옥수(1997)가 한국형으로 표준화한 척도를 인용했다. 사회적 관계를 기반으로 고독감 수준을 측정하기 위한 검사로, (가), (나), (다)과 같이 3개의 하위영역으로 구성되어 있다.

정답 :

【문제64】 일시적이고 변하기 쉬운 정동 상태를 빠르고 간편하게 규명하고자 하는 임상적인 필요성에 개발되었고, 자기보고형 척도로서 7년 정도의 공교육을 받은 사람이면 누구나 쉽게 이해하고 검사를 수행할 수 있도록 제작된 심리정서적 평가도구는?

정답 :

【문제65】 작물의 특징을 기술하시오. (4가지)

정답 :

【문제66】 육묘용 상토의 조건을 기술하시오. (4가지)

정답 :

【문제67】 이식의 효과에 대해 기술하시오. (4가지)

정답 :

【문제68】 관엽식물의 환경특성에 대해서 쓰시오. (4가지)

정답 :

【문제69】 다육식물의 가시가 하는 역할을 쓰시오. (4가지)

정답 :

【문제70】 치유농업 실행 현장에서는 폭력사건을 예방하고 관리하는 것이 필요하다.
　　　　　폭력유형의 종류를 쓰시오.

정답 :

【문제71】 신체질환으로 보이는 증상을 나타내지만 실제로는 심리적 요인이나
　　　　　갈등에 의해 야기된 것일 때 진단받는 정신장애는?

정답 :

【문제72】 상담과정의 진행방식, 목표, 책임과 한계 등을 논의하고 합의하는 절차를
　　　　　일컫는 상담용어는?

정답 :

【문제73】 인간을 능동적인 정보처리자로 간주하고 감각기관으로 들어오는 정보가
　　　　　중간과정에서 어떻게 선택, 변형, 압축, 저장되어 행동 등으로
　　　　　사용하는지를 연구하는 접근 방법은?

정답 :

【문제74】 상담자가 내담자와 대화를 하면서 서로간의 신뢰가 문제시 될 것 같아
　　　　　다음과 같이 말했다. 가장 관계있는 상담기법은?

"OOO님은 문득 화를 내고는, 급하게 사과하시곤 하는데, 혹시 상담자인 나와 관계되어
그런 것이 아닌가 궁금하군요. 아직은 나를 상담자로서 인정하기가 어려우신가요?"

정답 :

【문제75】 다음 용도지역중 아래 설명하는 지역에 해당하는 것은?

> 농업, 임업, 어업 생산 등을 위하여 관리가 필요하나, 주변 용도지역과의 관계 등을 고려할 때 농림지역으로 지정하여 관리하기가 곤란한 지역
>
> 정답 :

【문제76】 다음 질문은 어떤 단계에서 할 수 있는 것인가?

> · 대상 집단이 우리 치유 운영기관에서 제공하는 활동에 적합한 사람들인가?
> · 어떤 대상 집단이 내가 제공하는 활동을 필요로 하는가?
> · 대상 집단에 대한 치유 활동을 위한 재정이 확보 되었는가?
> · 평소 염두에 두었던 대상 집단에 접근 가능한가?
>
> 정답 :

【문제77】 현재 처해있는 상태(what is)와 미래의 바람직한 상태(what should be) 사이에 존재하는 격차 또는 조건을 지칭하는 단어로 프로그램 개발자가 이러한 차이나 조건을 파악해 내는 것은 무엇인가요?

> 정답 :

【문제78】 치유농업 서비스 실행을 위한 과정 순서이다. 빈칸을 채우시오.

> 가. 준비   나. (   )   다. (   )   라. 평가
>
> 정답 :

【문제79】 다음에 나열한 치료목적은 어느 영역을 증진시키기 위한 것인가요?

· 기억력 증가   · 판단력 증가   · 지남력 증가

· 집중력 증가   · 주의 집중력 향상   · 지시수행능력 증가

· 문제해결 능력의 향상   · 의사 결정력 증가

· 이해력 향상   · 논리력 증가

정답 :

【문제80】 치유농업 프로그램은 참여자의 4가지 영역에 대한 기능 향상을 목적으로 하는데 그 4가지 영역은?

정답 :

2장

단순서술형

(문제당 8점)

2장 단순서술형 (문제당 8점)

1. 제1권 20문제

【문제1】 치유농업이 사회적 농업, 도시농업과 같은 점, 다른 점을 서술하시오.

정답 :

【문제2】 심리적 방어 기제와 관련된 용어를 4가지 적고, 각각에 대한 예시를 하나씩 제시하시오.

정답 :

【문제3】 치유농업의 치유이론 관련하여 매슬로우 하위욕구와 상위욕구가 연결된
위계 5단계와 인간성숙의 필요요건과 식물의 관계를 욕구 5단계와
연결지어 구체적으로 서술하시오.

정답 :

【문제4】 현실치료의 배경이 된 선택이론에 대한 인간의 기본욕구 5단계를 적고,
상담과정의 중요한 절차로써의 틀로 WDEP 4단계를 제시하시오.

정답 :

【문제5】 프로이드의 정신성적 발달 단계를 설명하시오.

정답 :

【문제6】 농업·농촌의 식량안보 기능은 세부적으로 식량공급 기능, 식량안전성 기능, 식량활용 기능으로 구분되는데, 그 중 식량안전성 기능을 제외한 나머지 기능에 대해서 서술하시오.

정답 :

【문제7】 치유농업의 편익 추정 방법 중 간접적 추정 방법에 대해서 기술하시오.

정답 :

【문제8】 한국형 치유농업 정책 방향에 대해서 다음 4가지로 구분해서 답하시오.

정답 :

【문제9】 장애유형 4가지를 쓰고, 각각의 장애유형별 장애진단 시기를 기술하시오.

정답 :

【문제10】 치유농업 대상의 인체의 4가지 기본 조직을 쓰고, 각각의 기능을
기술하시오.

정답 :

【문제11】 프로이트가 주장하는 심리적 방어기제 중 1)투사, 2)반동형성, 3)보상을 설명하시오.

정답 :

【문제12】 양극성 관련 장애 유형 3가지를 쓰고, 각각의 특징을 기술하시오.

정답 :

【문제13】 다문화 가정의 생애주기를 4단계로 구분하고 각 단계별 서비스를
          기술하시오.

정답 :

【문제14】 다음은 청소년 문제행동 유형별 구분이다. 문제행동 영역에 따른 각각의
          청소년 문제행동 유형을 기술하시오.

정답 :

【문제15】 REBT 이론에서는 인간의 부적응행동 또는 이상심리는 비합리적인 신념 때문에 발생한다고 본다. 비합리적 신념과 합리적 신념의 의미를 쓰고, 둘 간의 차이점을 비교한 〈표〉를 작성하시오.

가. 비합리적 신념과 합리적 신념의 의미

나. 둘 간의 차이점을 비교

	비합리적 신념	합리적 신념
①	절대론적인 사고	(ㄱ)
②	(ㄴ)	항파국화 신념
③	감내, 기능, 신념	(ㄷ)
④	(ㄹ)	수용적 신념

정답 :

【문제16】 치유농업 프로그램 과정에서 사용할 수 있는 의사소통 방식 중에서
1) 일치적 의사소통과 2) 비치료적 의사소통의 개념을 적고, 각각의
해당 사례를 기술하시오.

정답 :

【문제17】 REBT의 ABCDE 모형에 관해서 설명하시오.

정답 :

【문제18】 인체의 환경적응 중 항상성과 투쟁과 도피 3가지 경로 반응을
설명하시오.

정답 :

【문제19】 치유농업 상담 심리이론 중 계슈탈트의 의미와 이론의 공헌 점에 대하여
설명하시오.

정답 :

【문제20】 농업진흥지역에서는 농업생산, 농지개량과 직접적으로 관련된 행위 외의 토지이용 행위를 할 수 없으나 대통령령으로 할 수 있는 예외의 행위를 쓰시오.

정답 :

2. 제2권 20문제

【문제1】 치유농장 프로그램에 다육식물을 활용하여 얻을 수 있는 것 4가지를 쓰시오.

정답 :

【문제2】 동물 치유에서 토끼 집 만들기가 주는 치유효과에 대하여 기술하시오.

정답 :

【문제3】 치유농업 소재로써 유산양의 장단점을 설명하고, 산업 발전 기회·위협
요인을 도출하시오.

정답 :

【문제4】 관엽식물의 특징과 치유농업에의 활용에 대해 서술하시오

정답 :

【문제5】 육묘를 하는 이유, 육묘에 적합한 작물, 육묘의 종류, 육묘상 관리 절차에
대해 설명하시오.

정답 :

【문제6】 치유농업에 활용하는 농촌환경·문화자원은 농촌지역 고유의 정체성을
반영한 휴양적, 심미적, 생태적, 경제적 가치를 지닌 자연환경, 연경관,
생산품, 역사문화, 공동체 농업유산 등 유·무형적 자원 및 이를 활용한
모든 활동을 의미한다. 이러한 농촌 환경·문화 자원의 유형을 6가지 이상
쓰시오.

정답 :

【문제7】 인공지반형 치유공간 조성에 관하여 가) 개요, 나) 유의사항,
다) 치유효과에 대하여 서술하시오.

정답 :

【문제8】 작물의 가치를 3가지로 설명하시오.

정답 :

【문제9】 파종방법과 절차에 대해 설명하시오.

정답 :

【문제10】 육묘용 상토(床土) 종류 및 육묘관리 순서에 대해서 쓰시오.

정답 :

【문제11】 이식양식과 이식 방법을 설명하시오.

정답 :

【문제12】 멀칭, 배토, 정지, 유인, 적화, 적과, 복대의 의미를 각각 설명하시오.

정답 :

【문제13】 상적 발육과 화성유도에 대하여 간략히 설명하시오.

정답 :

【문제14】 광환경 개선을 위한 재배기술을 설명하시오.

정답 :

【문제15】 치유농업 활동소재로 쓰이는 채소의 활용성, 중요성에 대하여 서술하고 분류에 따른 대표 작물 2가지를 적으시오.

정답 :

【문제16】 다육식물의 특징이 지니는 치유농업적 의의를 서술하시오.

정답 :

【문제17】 다음의 개념과 치유농업의 목적, 그리고 농촌 치유관광과 농촌체험 관광의 차이를 목적, 효과, 운영내용 항목으로 나누어 비교하고, 농촌 치유관광의 지향점을 쓰시오.

> 가. 개념 : 치유관광, 농촌관광, 농촌치유, 농촌 치유관광
>
> 나. 농촌 치유관광과 농촌 체험관광의 비교(목적, 효과, 운영내용)
>
> 다. 농촌 치유관광의 지향점

정답 :

【문제18】 농업진흥지역에서는 농업생산, 농지개량과 직접적으로 관련된 행위 외의 토지이용 행위를 할 수 없으나 대통령령으로 할 수 있는 예외의 행위를 쓰시오.

정답 :

【문제19】 치유농업법에 따르면 치유농업이란 국민의 건강 회복 및 유지, 증진을
도모하기 위하여 이용되는 다양한 농업, 농촌자원의 활용과 이와 관련된
활동으로 정의하고 있는 바, 이 때 치유농업자원을 분류해보시오.

정답 :

【문제20】 치유농업에 활용하는 농촌환경·문화자원은 농촌지역 고유의 정체성을
반영한 휴양적, 심미적, 생태적, 경제적 가치를 지닌 자연환경, 자연경관,
생산품, 역사문화, 공동체 농업유산 등 유무형적 자원 및 이를 활용한
모든 활동을 의미한다. 이러한 농촌환경·문화자원의 유형을 6가지 이상
쓰시오.

정답 :

3. 제3권 20문제

【문제1】 치유농업 프로그램 평가의 역할 및 목적에 대해서 서술하시오.

정답 :

【문제2】 치유농업 프로그램 개발을 위한 대상자 집단 선택 때 중요한 질문
4가지를 서술하시오.

정답 :

【문제3】 치유농업 프로그램 평가절차 및 평가내용에 대해서 서술하시오.

정답 :

【문제4】 치유농업 프로그램 평가 내용 중 프로그램 대상자 평가 내용의 7가지를 약술하시오.

정답 :

【문제5】 치유농업 프로그램을 실행할 때 치유농업시설에서 제공해야 하는
기본적인 프로필에 대해서 6가지 이상 쓰시오.

정답 :

【문제6】 치유농업 프로그램 평가지표의 설정 및 평가시기, 평가자 설정에 대해서
서술하시오.

정답 :

【문제7】 치유농업 프로그램 평가방법은 평가의 목적, 평가자, 평가내용 등에
따라서 달라진다. 일반적인 평가방법 7가지 종류를 쓰시오.

정답 :

【문제8】 치유농업 프로그램 평가방법 중 관찰에 의한 방법에 대해서 기술하시오.

정답 :

【문제9】 치유농업 프로그램 평가방법 중 자기보고에 의한 방법에 대해서
기술하시오.

정답 :

【문제10】 치유농업평가도구는 심리정서적 영역, 신체적 영역, 인지적 영역,
사회적 영역, 기타 영역으로 구분한다. 심리정서적 영역중에서
자아존중감 3가지 척도에 대해서 기술하시오.

정답 :

【문제11】 치유농업평가도구에 관련된 사회적 영역중에서 사회적 지지 3가지 척도에 대해서 기술하시오.

정답 :

【문제12】 치유농업 프로그램 평가 결과 분석과 관련하여 모수 검정에 사용 가능한 통계방법에 대해서 6가지 이상 쓰시오.

정답 :

【문제13】 치유농업 프로그램을 실행할 때 운영자의 자세를 6가지 이상
기술하시오.

정답 :

【문제14】 치유농업 프로그램을 실행할 때 집단 활동지도 요령에 대해 5가지 이상
기술하시오.

정답 :

【문제15】 치유농업 프로그램의 비공식적 평가와 공식 평가에 대하여 기술하고,
치유농업 프로그램 운영 사후평가 중 성과측면의 4대 지표항목에 대하여
서술하시오.

정답 :

【문제16】 시간에 따른 단계별 치유농업 프로그램 평가 종류 및 목적에 대해서
기술하시오.

정답 :

【문제17】 치유농업사 운영평가 내용에는 어떤 것이 있는지 5가지 이상을 쓰시오.

정답 :

【문제18】 치유농업 프로그램 개발 시 주변 자원분석의 Berned Schmitt(2013)의
전략적 체험모듈 5단계를 기술하시오.

정답 :

【문제19】 통계분석 결과정리 및 해석과 관련하여 1) 대응표본 t-검정과 2) 독립표본
　　　　　 t-검정에 대해서 기술하시오.

정답 :

【문제20】 치유농업 프로그램 결과보고서 세부항목 및 단계별(4단계)작성 내용에
　　　　　 대해서 서술하시오.

정답 :

4. 융합형 20문제

【문제1】 치유농업 소재로써 유산양의 장단점을 설명하고, 산업 발전 기회·위협 요인을 도출하시오.

정답 :

【문제2】 치유농업, 도시농업, 사회적 농업의 개념과 치유농업 목적유형 3가지를 쓰고 설명하시오.

정답 :

【문제3】 휠체어 사용자를 위한 높임화단 규격과 폭을 기술하고, 높임화단 소재가
　　　　　방부목 소재일 시 주의점 4가지를 쓰시오.

정답 :

【문제4】 치유농업 프로그램을 실행하는 과정에서 참여자가 화상을 입은 경우에
　　　　　어떻게 대응해야 하는지 쓰시오.

정답 :

【문제5】 치유농업의 연구개발 및 육성에 관한 법률에 따르면 농촌진흥청장은
치유농업사의 자격을 취소하거나 자격정지를 명할 수 있다.
위 법률에서 제시된 5가지 위반행위와 위반횟수에 따른 행정처분에
대하여 기술하시오.

정답 :

【문제6】 농장동물을 활용한 치유농업 시설의 안전관리에서 인수공통전염병에
대한 안전관리 지침에 대해 약술하시오.

정답 :

【문제7】 치유농업시설 안전 오리엔테이션에서 이루어지는 주요활동에 대해서
　　　　 5가지 이상 쓰시오.

정답 :

【문제8】 치유농업시설 중에 소방, 전기, 가스시설의 안전관리 항목 중에
　　　　 개별항목으로 전기에 관한 안전관리항목에는 어떤 것이 있는지 쓰시오.

정답 :

【문제9】 스키너의 조작적 조건형성의 정적강화, 부적강화, 처벌의 개념을 쓰고,
         초등학생을 대상으로 원예수업 시 각각의 적용 사례를 들어 설명하시오.

정답 :

【문제10】 통로 조성 시 갖추어야 하는 요소와 기준에 대해 기술하시오.

정답 :

【문제11】 귀뚜라미치유농장 도시농업체험시설 규모 기준, 곤충으로서 적합한 기준
9가지를 쓰시오.

정답 :

【문제12】 치유농장 프로그램에 다육식물을 활용하여 얻을 수 있는 것 4가지를
쓰시오.

정답 :

【문제13】 치유농업 프로그램을 실행하는 과정에서 진행자나 기타 인력이
참여자로부터의 감염을 예방하기 위한 기본적인 사항을 5가지 이상
기술하시오.

정답 :

【문제14】 동물 치유농장 시설 운영 때 시설 프로그램, 인력운영 관리, 안전에 대한
고려 사항을 설명하시오.

정답 :

【문제15】 주의회복 이론에 따르면 유도된 주의가 회복없이 길어지면 사람은
피로해 진다. 이때 주의를 회복시키는 환경에 대해 약술하시오.

정답 :

【문제16】 치유농업 프로그램을 실행하는 과정에서 화재가 발생했을 경우에
어떻게 대응해야 하는지를 쓰시오.

정답 :

【문제17】 관화식물과 관엽식물의 특징과 각각의 예를 하나씩 들고, 치유농업의
적용에 대해 서술하시오.

정답 :

【문제18】 운영자의 안전관리 5가지 이상기술, 상담사의 윤리 7가지를 기술하시오.

정답 :

【문제19】 육모의 목적 및 육묘상의 관리 절차와 종자를 파종하는 절차에 대해서 쓰시오.

정답 :

【문제20】 현장 비침습성 생체 생리반응검사 4가지 이상, 평가 심리·정서적 영역 사회적 영역 각각 3가지를 쓰시오.

정답 :

3장

―

장문서술형

(문제당 16점)

1. 2024년 출제 경향 예상

2. 융·복합형 10문제

3장 장문서술형 (문제당 16점)

1. 2024년 출제 경향 예상

가. 4점짜리 단답형 문제에 괄호 넣기(빈칸 채우기) 및 문장 나열순서 바로잡기 등이 신설 및 강화가 예상됨.

나. 4점짜리 단답형 문제는 개념정리가 가장 중요함으로 만다라트 기법과 같은 연상법 등을 통한 암기는 필수임.

다. 전체 문제프로세스를 주고 내용을 채워 넣거나 오류내용을 고치거나 예시를 제시하는 문제가 출제될 가능성이 높음.

라. 통계관련 문제는 치유농업에서 생각하는 사전-사후평가의 핵심임으로 단순히 평가도구와 P-Value 값 해석을 묻는 수준보다 난이도가 있는 문제가 출제될 것으로 예상됨.

마. 치유농업 프로그램 작성문제는 출제될 확률이 매우 높음. 예를 들면 도입과 전개 내용에 대해 상담 기법을 주고, 작성하라는 내용으로 출제될 것으로 예상됨.

바. 일치적 의사소통 상황을 주고 통으로 작성하는 등, 이해와 현실적용 능력을 확인하는 문제도 출제 가능성이 높음.

사. 개인정보 수집, 정보수집 방법, 정보의 내용 분류, 등의 내용을 직접 구성하는 문제도 예상됨.

아. 단순서술형 (문제당 8점)은 4점짜리 단답형 문제보다 2배 정도 난이도가 있으며, 융합형 문제가 출제될 가능성이 큼.

자. 장문서술형 (문제당 16점)은 변경 전 20점 짜리 문제 수준에 버금가는 내용으로 융·복합형 문제로 출제될 가능성이 큼.

차. 일단 1권 2권 3권에 나오는 핵심내용을 정리해서 암기하고, 이를 어떻게 현실에 적용할 것인가에 대한 현업적용능력이 매우 중시됨.

【장문서술형1】

REBT 기법 중 인지적 기법을 3개 이상 서술하고, 학교생활 부적응 청소년의
자아존중감 향상을 위한 원예치료프로그램 과정을 REBT 집단상담을 적용한
치유농업 체험모듈 양식을 작성하고 설명하시오. [16점]

【장문서술형2】

치유농업 프로그램 개발을 위해서는 가장 먼저 대상자에 대한 정보수집이 필요하다. 아래 대상의 치유농업 프로그램 참여 대상자 정보수집을 해야 할 때 어떤 정보를 수집해야 하는지 아래의 3가지 분류에 따라 상황에 적합한 정보수집 내용을 작성하고 그 이유를 기술하시오. [16점]

1) 대상: 60대 이상의 노인
2) 인원: 15명
3) 연계기관: 사회복지재단
4) 복지재단 요구사항: 인지적, 신체적 관련 프로그램 진행 희망

가. 인구통계학적 정보
나. 의학–건강학적 정보
다. 치유농업적 정보

【장문서술형3】

지적장애인 대상 프로그램을 운영하는 농가가 진행 때 유의점 3개를 쓰고,
지적장애인의 특성을 쓰시오. [16점]

【장문서술형4】

아래의 대상을 중심으로 5회기의 치유농업 프로그램을 진행하려 한다. 아래의 정보를 참고하여 현실요법을 적용한 치유농업 프로그램의 단위활동 계획서를 작성하시오. [16점]

---

1) 대상 : 30대의 직장인
2) 인원 : 15명
3) 요구사항 : 직무 스트레스에 지쳐서 힘들다고 호소
4) 의뢰기관 요구사항 : 직무 스트레스 대처방식의 긍정적 변화

【장문서술형5】

농장동물 중 동물자신의 즐거움과 감정소통성이 좋음 이상인 동물을 쓰고, 그 중 2개 동물에 대한 활동소재 농장동물의 특성분석 즉 SWOT 분석을 작성하세요. [16점]

1) 농장동물 중 동물자신의 즐거움과 감정소통성이 좋음 이상인 동물은?
2) 2개 동물에 대한 SWOT 분석 내용 작성

【장문서술형6】

피아제의 인지발달 이론은 우리의 사고구조도 외부환경에 맞도록 적응해 나간다고 보았다. 4단계의 분류로 각 단계별 특징에 대해서 상세히 서술하세요. [16점]

1) 감각운동기(0~2세)
2) 전조작기(2~7세)
3) 구체적 조작기(7~11세)
4) 형식적 조작지(11세 이상)

【장문서술형7】

신체적 장애 중 언어적 장애의 발생원인과 특성에 대해 기술하고 이들을 대상으로
치유농업 프로그램을 작성할 때 적용할 알맞은 상담기법을 선택하고 그 이유를
기술하세요. 이후에는 샐리그만의 긍정심리 이론에 기반한 치유농업 프로그램
단위활동 계획서를 작성하세요. [16점]

1) 언어적 장애의 발생원인 및 특성
2) 적용할 상담기법 및 그 사유
3) 단위활동 계획서(약술본, 즉 도입-전개-정리의 내용 간략 기술)

【장문서술형8】

스키너의 조작적 조건형성 부적강화, 정적강화, 처벌내용과 초등학생 어린이 사례를 쓰시오. [16점]

> 1) 스키너의 조작적 조건형성 부적강화, 정적강화, 처벌내용
> 2) 초등학생 어린이를 대상으로 한 사례

【장문서술형9】

스트레스가 많은 직장인을 대상으로 한 치유농업 프로그램의 활동계획서이다.
각 문제에 맞는 답을 서술하시오. [16점]

대상자는 스트레스가 많은 직장인으로 면담을 통해 '회사업무 외에 개인시간이 없다'
라는 상태를 알 수 있었다.

목차	활동내용	적용한 심리상담이론	치유농업사의 역할
도입	메리골드 차 마시기	이완기법	①
전개	메리골드 차 만들기	게슈탈트의 전경과 배경	②
	포장하기	게슈탈트의 전경과 배경	③
정리	포장한 것을 집에 가지고 귀가	?	④

1) 이 대상자의 회기 활동 목표를 전경과 배경에 맞추어서 작성하시오.
2) 요구분석을 얻기 위해 사용한 기법은 무엇인가요?
3) ①②③④에 맞는 치유농업사의 역할에 대해 서술하시오.
4) 이 대상자에 대한 평가도구를 심리정서적 영역, 인지적 영역으로 각각 2가지씩 적으시오.

【장문서술형10】

아래의 상황을 보고 치유농업 프로그램 평가를 어떻게 진행 할 것 인지를 생각해 본 다음 적절한 통계방법을 제시하고, 그 사유를 작성하시고 설명하시오. [16점]

변수명	프로그램 전	프로그램 후	P-value
인지반응력	7.00±0.023	8.10±0.056	0.035887

가) 적절한 통계방법을 제시하고 그 사유를 작성하시오.

나) 통계표를 통계분석 하시오.

4장

실전 모의고사

4장 실전 모의고사

1. 1회차 모의고사 문제

【문제1】 다음 빈칸을 채우시오. [4점]

종자보증을 받으려면 (가), (나)로부터 작물의 고유특성이 잘 나타나는
생육기에 (다)회 이상 (라)를 받게 된다. 포장검사에 합격한 종자에
대해서는 종자의 규격, 순도, 발아, 수분 등의 종자검사를 실시한다.

정답 :

【문제2】 다음 예시를 매슬로우(Maslow)의 욕구 5단계설에 근거하여 순서대로
바르게 나열하시오.[4점]

가. 정원은 신선한 공기, 햇볕, 신선하고 양분이 듬뿍 든 음식물을 제공한다.
나. 정원은 심리적으로 긴장을 완화 시켜 스트레스를 경감시키는 경관을 제공함으로써
　　치유농업 서비스 대상에게 안정감과 편안함을 느끼게 할 수 있을 것이다.
다. 치유농업 활동을 통하여 다른 사람과 경험을 나누고, 농작물에 대한 애정이
　　길러지면 그들에 대한 책임감과 필요성을 느낄 수 있다.
라. 정원을 포함한 농업활동은 아름다움을 감상하고 식물의 생장시를 간접적으로
　　경험할 수 있으며 식물과 동물을 돌보는 과정에서 인간 삶의 과정을 이해하고
　　알아가는 지각을 가질 수 있다
마. 정원을 포함한 농업활동은 개인적인 목표를 성취하는 것을 도우며, 일에 대한 피드백을
　　제공함으로써 스스로와 동료에 대한 존중을 획득할 수 있는 기회를 줄 수 있다.

정답 :

【문제3】 다음은 치유농업의 효과를 설명한 것이다. 빈칸에 들어갈 말은? [4점]

치유농업의 직접적인 효과에 해당하는 내용으로 치유농업의 목적 유형과 상통한다.
치유농업의 목적 유형은 (가), (나), (다)로 구분할 수 있다.

정답 :

【문제4】 프로이드의 정신성적 발달 단계 설명한 것이다.
　　　　　잘못된 것을 바로잡으시오. [4점]

가. 구강기 - 출생~1세 / 리비도가 입과 구강 부위 등에 집중
나. 항문기 - 1~3세 / 유아는 배변을 참거나, 배설하면서 긴장감과 배설의 쾌감을
　　경험한다.
다. 남근기 - 3~6세 / 리비도가 항문에서 성기로 바뀌며, 이성 부모에 대한 관심과
　　갈등이 성인기에 겪게 되는 신경증을 유발하는 중요 원인
라. 생식기 - 6~사춘기 이전 / 오이디푸스 콤플렉스를 성공적으로 해결한 하동은
　　성적 충동의 폭풍기가 지나면서 비교적 평온한 시기인 생식기에 들어선다.

정답 :

【문제5】 다음 프로이트(S. Freud)의 심리성적 발달단계이다. 발달단계 순서를
　　　　　올바르게 배열하시오.

가. 항문기　나. 구강기　다. 성기기　라. 생식기　마. 남근기　바. 잠복기　사. 통합기

정답 :

【문제6】 다음은 파종 방법에 대한 설명이다. 빈칸을 채우시오. [4점]

비교적 크기가 큰 작물에 활용	재배기간이 짧고 단기간에 수확하는 작물에 이용	작물의 크기가 작고 재배기간이 짧은 작물에 사용
(가)	(나)	(다)

정답 :

【문제7】 다음 ( ) 안에 해당하는 것을 쓰시오.

> 가. (㉠)는 씨받기의 피층이 발달하여 과육 부위가 되고 씨방은 과실 안쪽에
> 위치하여 과실부위가 되는 과실로 사과, 배 등이 있다
>
> 나. (㉡)는 과립이 덩어리를 이루어 과즙이 풍부한 과실로 포도, 무화과, 블루베리,
> 석류 등이 있다
>
> 다. (㉢)는 과육의 내부에 단단한 핵을 형성하여 그 속에 종자가 있는 과실이며
> 복숭아, 자두, 살구 등이 있다.
>
> 라. (㉣)는 성숙하면서 씨방 벽 전체가 다육질로 되는 과즙이 많은 과실로 감, 감귤,
> 오렌지 등이 있다.
>
>
> 정답 :

【문제8】 다음은 누에 애벌레의 몸마디에 대한 명칭이다. 빈칸을 채우시오. [4점]

> 가. 제2마디 → (   )
>
> 나. 제5마디 → (   )
>
> 다. 제8마디 → (   )
>
> 라. 제11마디 → (   )
>
>
> 정답 :

【문제9】 다음은 정서곤충의 특성에 대한 내용이다.
   해당하는 곳에 ○, ×표를 하시오. [4점]

분류	생활사	
	완전탈바꿈	불완전탈바꿈
왕귀뚜라미	( )	( )
호랑나비	( )	( )
누에	( )	( )
장수풍뎅이	( )	( )

> 정답 :

【문제10】 배토의 효과 4가지를 쓰시오. [4점]

정답 :

【문제11】 심리검사의 대표적인 객관적 검사의 4가지 유형을 쓰시오. [4점]

정답 :

【문제12】 대상자 진단평가에서 4가지 생리적 기능의 평가 지표를 쓰시오. [4점]

정답 :

【문제13】 다음은 Berned schmitt의 체험을 구성하는 전략적 체험모듈에 기반하여 구분한 자원을 설명한 것이다. 다음 빈칸을 채우시오. [4점]

가. 시각, 청각, 촉각, 후각, 미각 등의 오감을 자극할 수 있는 자원은 (ㄱ) 자원이다.

나. 감성을 자극하는 이야기(스토리), 경험, 깨달음 등 소비자에게 들려주고 싶은 이야기(스토리)는 (ㄴ) 자원이다.

다. 신체적 경험이나 신체적 기능향상과 관련된 자극, 운동 뿐만 아니라 장기적인 행동패턴이나 라이프스타일은 (ㄷ) 자원이다.

라. 활동을 통하여 타인, 사회, 국가, 문화적 의미와 연결하는 경험은 (ㄹ) 자원이다.

정답 :

【문제14】 치유농업시설 전문 인력 고려 사항 4가지를 쓰시오. [4점]

정답 :

【문제15】 치유농업 프로그램 운영 사후평가 중 성과측면의 4대 지표항목을 쓰시오. [4점]

정답 :

【문제16】 동물자원 치유의 원리, 효과, 유익성에 관하여 서술하시오. [8점]

정답 :

【문제17】 인공지반형 치유공간 조성에 관하여 가) 개요, 나) 유의사항, 다) 치유효과에
대하여 서술하시오. [8점]

정답 :

【문제18】 치유농업 프로그램의 비공식적 평가와 공식 평가에 대하여 기술하고,
치유농업 프로그램 운영 사후평가 5대 항목에 대하여 서술하시오. [8점]

정답 :

【문제19】 치유농업 프로그램 평가를 평가주체별로 구분하여 각각의 장단점과
보완책을 구체적으로 논술하시오. [16점]

정답 :

2. 2회차 모의고사 문제

【문제1】 개체가 자신의 욕구나 감정, 신체, 감각, 행동이 서로 분리된게 아니라
하나의 의미 있는 전체로 조직화하여 자각하는 것으로 보고 인간과 환경
사이의 통합에 대한 개인적 자각을 중요시하는 이론은? [4점]

정답 :

【문제2】 치유농업 서비스의 목적유형을 3가지로 구분하시오. [4점]

정답 :

【문제3】 농업 농촌 및 식품산업기본법 제3조에서 명시하는 농업농촌의 공익기능
중 전통문화 보전 및 지역사회 유지기능 4가지를 쓰시오. [4점]

정답 :

【문제4】 배토, 유인, 적과, 복대의 의미를 각각 쓰시오. [4점]

정답 :

【문제5】 치유농업에서 추억을 일으키는 식물 4가지를 쓰시오. [4점]

정답 :

【문제6】 식물을 매개로한 치유농업 효과 4가지를 쓰시오. [4점]

정답 :

【문제7】 다음은 해외 치유농업 사례이다, 빈칸을 채우시오. [4점]

가. (ㄱ) - 농업인 교육훈련센터, 치유농장 인정 방안마련, 치유농장 400여개 이상

나. (ㄴ) - 국가치유농업계획 수립, 치유농업 프로그램(멘토링, 퍼실리테이터),
          개인, 도시 연계농장

다. (ㄷ) - 400개 병원과 사회재활센터, 180여개 커뮤니티, 500여개 녹색작업장에
          건강보험 직업병 치료 항목에서 예산 지원, 청소년, 고용·재활 중점

라. (ㄹ) - 정부부처 통합위원회 구축(농림부 주관), 품질관리 및 보증제도 운영,
          치유농장 협약제도, 치유농업 학위과정 및 평생교육, 국가재정 지원

정답 :

【문제8】 다음 빈칸에 들어갈 말은? [4점]

치유농업 현장에서 활용할 수 있는 생리검사 방법으로는( ), ( ),
( ), ( ), 체질량지수 측정 등이 있다.

정답 :

【문제9】 다음의 사례는 치유농업 프로그램 과정에서 사용할 수 있는 어떤 의사소통 방식을 나타낸 것인가? [4점]

> 상황: 여러분 모두, 씨앗을 매우 자세히 살피고 씨앗을 뿌리는 동안 말씀이 거의 없이 조용하셨어요.
> 사고: 저는 그런 여러분의 모습을 보면서 '고도의 집중을 하고 계시는구나' 라고 생각했어요. 솔직히 활동을 준비하면서 간단한 활동이라 지루해하시면 어쩌나 약간의 우려도 있었는데.
> 감정(느낌): 집중하는 여러분의 모습을 보니 다행스럽고 기운이 납니다.
>
> 정답 :

【문제10】 다음은 치유농업 정책과제도의 도입배경과 필요성이다. 빈칸의 단어를 채우시오. [4점]

> 가. 저출산, 고령화 등으로 대표되는 우리나라 인구구조 변화 현상이 건강한 삶에 대한 국민의 새로운 요구에도 영향을 미치고 있다. (   )는 낮고 우울증 및 자살자 증가 등, 정신질환 경험자가 증가하는 반면 건강한 삶에 대한 욕구 증가로 국민의 기대수명은 지속적으로 증가하고 있다.
> 나. 기존의 생산 중심의 경제기반에서 농업농촌의 (   )을 바탕으로 새로운 가치인 치유농업의 산업 생태계 조성이 필요한 시점에 이르렀다.
> 다. 치유농업은 (   )의 확대, (   )증가에 대한 대책과 삶의 질 향상, 산업과 고용창출 등을 배경으로 하여 관련 정책 및 사업이 추진되고 있다.
>
> 정답 :

【문제11】 치유농업 자원 중 동물자원의 역할을 4가지 쓰시오. [4점]

> 정답 :

【문제12】 다음의 표를 채우시오. [4점]

단계별	준비내용
예행연습 (리허설)	프로그램 실행 전에 세부 일정표에 따라 프로그램의 장소, 필요장비, 소요시간, 이동경로, 안내 포인트 등을 정한다.
(가)	프로그램 참여를 위한 이동시 거리가 먼 경우, 경운기, 우마차, 전동차 등 방문객의 흥미를 유발할 수 있는 이동수단을 준비한다.
(나)	프로그램 참여일정 및 인원에 따라 적절히 조절해야 하며, 프로그램 대상자가 원할 경우 농가 민박도 활용이 가능하도록 준비해야 한다.
(다)	치유농업 프로그램의 주요 활동(원예, 승마, 산림욕, 황토방, 쑥뜸, 웰빙 식단 등)에 대한 사전 준비 상태를 점검한다.
(라)	치유농업 프로그램이 이루어질 장소에 대한 안전점검이 사전에 이루어져야 하며, 사고와 부상에 신속하게 대응할 수 있도록 긴급 상황에 대한 후송수단 및 비상 연락망이 갖추어져야 한다.
대체 프로그램 선정	갑작스런 소나기, 강풍, 눈 등 기상악화에 대비한 프로그램이 준비되어야 하며, 실내에서 대체할 수 있는 프로그램 및 공간이 마련되어야 한다.

정답 :

【문제13】 다음 빈칸에 알맞은 말은? [4점]

치유농업 프로그램의 평가과정은
가. 평가의 목적을 확인하고, 나. (   ), (   ) 구체적 평가계획을 수립하고,
(   ), (   ) 자료를 수집하고, 수집된 자료를 분석하며, (   ) 및 활용
방안을 도출하는 과정을 거쳐 마지막으로 결과보고서를 작성한다.
평가는 결과보고서 작성으로 끝나는 것이 아니라, 보고된 평가 결과가 향후 프로그램
개선에 반영되는 환류 개선 과정을 거쳐야 비로소 완결된다.

정답 :

【문제14】 심리 정서적 영역의 효과 평가도구의 측정 변인 4가지를 쓰시오. [4점]

정답 :

【문제15】 다음에 나열한 치료목적은 어느 영역을 증진시키기 위한 것인가요? [4점]

· 기억력 증가　　　　· 판단력 증가　　　　· 지남력 증가
· 집중력 증가　　　　· 주의 집중력 향상　　· 지시수행능력 증가
· 문제해결 능력의 향상　· 의사 결정력 증가
· 이해력 향상　　　　· 논리력 증가

정답 :

【문제16】 치유농업 상담 심리이론 중 게슈탈트의 의미와 이론의 공헌점에 대하여
　　　　　 설명하시오. [8점]

【문제17】 육묘를 하는 이유, 육묘에 적합한 작물, 육묘의 종류, 육묘상 관리 절차에
대해 설명하시오. [8점]

정답 :

【문제18】 치유농업 프로그램 실행 도중에 의식을 잃고 쓰러져 있는 경우에 어떻게
해야 하는지 순서대로 기술하시오. [8점]

정답 :

【문제19】 REBT 기법 중 인지적 기법을 3개이상 서술하고, 학교생활 부적응 청소년의
자아존중감 향상을 위한 원예치료프로그램 과정을 REBT 집단상담을
적용한 치유농업 체험모듈 양식을 작성하고 설명하시오. [16점]

정답 :

부록

─

단위활동계획서

[부 록] 단위활동계획서

2024년 장문서술형 대비 - 치유농업 프로그램 전체계획서 [긍정심리 기반]

치유농업 프로그램 전체계획서 (긍정심리 기반)

프로그램명	내 안에 나 있다. 내 안에 긍정있다.		
기간	2023년 4월~8월	횟수	8회
시간	격주 토요일 오전 10시~12시	장소	고은힐 치유능장
대상자	갱년기 우울여성	프로그램전문인력	치유농업사 2인
목적	· 다양한 농업활동을 통한 우울감 감소 · 허브재배와 관리, 수확 후 활용을 통한 기분상태 향상 (긍정적인 정서함양)		
기대효과	긍정심리를 기반으로 하여 긍정정서와 개인의 강점과 장점을 발견하고, 치유농업 프로그램 안에서 몰입하고 즉각적인 만족감을 느끼며, 자신의 가치와 목표를 인식하여 보다 더 긍정적인 태도와 관계를 형성하게 행복한 삶의 조건으로써의 삶의 질을 향상시키게 된다.		

회기	단계	단위활동	치유적 개입
1		행복한 삶을 실현하고자 하는 시작	오리엔테이션 (샐리그만의 긍정심리기반 행복한 삶의 조건)
2	즐거운 삶 (만족/ 즐거운 삶)	키친가든 디자인 하기1 틀밭만들기	긍정의 정서 느끼기1 (반가움, 기대감, 설렘, 기쁨, 평안, 감사, 희망, 행복)
3		키친가든 디자인 하기2 팻말 만들기	긍정의 정서 느끼기2 (즐거움, 친밀감, 다정함, 만족감, 성취감, 자신감, 사랑)
4	적극적인 삶 (열정적/ 충실한 삶)	키친가든 그리다 나의 첫 씨앗일기	씨앗과 내 안에 채우고 있는 행복한자원 (자신의 강점 찾기)
5		키친가든 꿈꾸다 키친가든 모종심기	나를 꿈꾸게 하는 것 (열정과 몰입)
6		텃밭의 키다리와 파숫꾼 영양관리&병충해관리	나를 성장하게 하는 것 (강점, 재능, 미덕, 덕목과 같은 긍정적 특성의 발달)
7	의미 있는 삶 (의미/ 가치 있는 삶)	꽃과 향기를 담아서 꽃차와 허브차	의미있는 세 친구 1 (가족이나 친구에게 선물)
8		따뜻한 회복 허브 족욕팩과 스파팩	의미있는 세 친구 2 (이웃에게 선물)

2024년 장문서술형 대비 – 치유농업 프로그램 단위활동계획서

치유농업 프로그램 단위활동계획서(긍정심리, 의사소통, 치유농업 실행기법, 체험모듈)

프로그램 (단위활동명)	따뜻한 회복–허브 족욕팩과 스파팩		농업활동명	건조 허브를 잘라 족욕팩과 스파팩 만들기
개요	건조 허브를 잘라 허브 족욕팩과 스파팩을 만드는 활동을 통해 갱년기 여성의 우울감 감소와 기분상태 향상에 기여하는 치유농업 프로그램			
날짜	2023.10.21. 토 10:00~12:00		장소	고은힐 치유농장
주 대상자	우울감을 경험하고 있는 갱년기 여성		확장 대상자	비장애 성인
대상자의 주 문제	우울 (원인: 감갱년기 호르몬 불균형 및 역할 변화)			
목적	• 다양한 농업활동을 통한 우울감 감소 • 허브재배와 관리, 수확 후 활용을 통한 기분상태 향상(긍정적인 정서 함양)			
목표	• 건조 허브를 활용하여 허브 족욕팩과 스파팩을 만들 수 있다. • 긍정의 정서를 느끼고 표현할 수 있다. • 행복한 삶의 조건인 즐거운, 적극적, 의미있는 삶의 가치를 설명하고 실천할 수 있다.			
평가항목 및 평가시기	우울 자가진단표(통합적 한국판 CES–D척도), 한국형 기분상태 척도–사전, 사후 만족도 사후평가			
준비물	건조허브, 팩, 가위, 선물포장 상자			
운영시간	100분			

단계	활동순서	치유적개입	자원활용 및 체험모듈	장소 및 동선	시간	준비 및 유의사항
도입	인사 나누기	프로그램 동기부여 일반적 주제, 개방형 질문, 인지훈련 적극적 경청–긍정의 정서 느끼기 사회적 지지(수용, 친밀감, 신뢰, 애정)	인지 감성 관계	그린 하우스	20	
	안전교육	정보 제공	인지			
	당일활동안내 (활동의 목적과 의미 나누기)	긍정의 정서 느끼기 수확을 통한 양육의 기쁨과 성취감 향상 나눔의 실천을 통한 행복한 삶	인지 감성 관계			
전개	건조된 허브 관찰하고 선택하기	다양한 소재들을 스스로 선택하기 지금 이 순간의 체험–적극적인 참여와 몰입으로 유쾌함과 즐거움 경험 오감으로 느끼기, 이완전략, 카타르시스, 감각운동 (즐거운 삶– 긍정의 정서 느끼기)	감각 행동	해바라기 커뮤니티 가든	40	
	족욕팩과 스파팩을 만들어 이웃에게 선물하기	자신의 감성을 담아 족욕팩과 스파팩 만들기를 계획하기 적극적인 몰입을 통해 독창적인 창작물 완성하기 (적극적인 삶–열정적/충실한 삶)	인지 행동	그린 하우스	40	
		이웃에게 선물하기 (의미/가치 있는 삶) 사회적 기술, 회상기법	감성			
정리	주변 정리하기		행동	그린 하우스	20	
	활동소감 나누기	작품에 대한 자신의 긍정적 정서 나누기 감사의 표현하기	관계			
	다음차 시 활동 안내하기	정보 제공	인지			

장소구분	☐ 실내 ☐ 실외 ■ 실내외	계절	☐ 봄 ☐ 여름 ■ 가을 ☐ 겨울
기타			

치유농업 프로그램 전체계획서 (현실치료 기반)

프로그램명	꿈꾸는 청년이 현실에서 빛나다		
기간	2023년 4월~8월	횟수	8회
시간	격주 토요일 오전 10시~12시	장소	고은힐 치유농장
대상자	청년 장기실업자	프로그램전문인력	치유농업사 2인
목적	·다양한 농업활동을 통한 우울감 감소 ·허브재배와 관리, 수확 후 활용을 통한 기분상태 향상(긍정적인 정서 함양)		
기대효과	현실치료 심리기반을 통한 치유농업 프로그램으로 인해 자신의 삶에서 중요한 선택을 스스로 할 수 있고, 선택한 것에 대해 책임을 질 때 행복한 사람이 될 수 있음을 깨닫게 된다. 치유농업 프로그램 안에서 자신의 욕구와 행동을 탐색하고 평가와 계획을 통해 원하는 것을 얻는 과정에 대해 효율적으로 대처할 수 있다. 활동하기와 생각하기를 먼저 변화시킴으로써 느끼기, 신체반응까지 결국 전 행동의 변화를 이루게 된다.		

회기	단계	단위활동	치유적 개입
1		행복한 삶을 실현하고자 하는 시작	오리엔테이션 (치유농업환경만들기-친밀감 형성)
2	W 욕구 탐색하기	키친가든 디자인 하기 1 틀밭만들기	내 안에 욕구탐색하기 나는 무엇을 원하는가?
3		키친가든 디자인 하기 2 팻말 만들기	내 안에 욕구탐색하기 마음에 새기고 싶은 욕구, 채우고 싶은 욕구는 무엇인가?
4	D 현재 행동에 촛점 맞추기	키친가든 그리다 나의 첫 씨앗일기	씨앗과 내 안에 채우고 있는 행복한자원 (자신의 강점 찾기)
5		키친가든 꿈꾸다 키친가든 모종심기	나를 꿈꾸게 하는 것과 나를 좌절하게 하는 것
6		텃밭의 키다리와 파숫꾼 영양관리 & 병충해관리	선택한 행동에 책임지기 (키워주기)
7	E 자기 평가하기	꽃과 향기를 담아서 꽃차와 허브차	내가 잘하는 것 타인과 화합하기까지의 인내와 노력
8		따뜻한 회복 허브 족욕팩과 스파팩	좋은 인간관계 맺기 함께 더불어 살아가기
9	P 계획 세우기	씨앗볼 만들기- 채종 후 황토볼	내년의 키친가든 계획 세우기
10		추석(수선화.튤립) 구근심기와 짚멀칭	내년에 피어날 수선화와 튤립을 꿈꾸며 계획 다지기

프로그램 (단위활동명)		내 영혼의 날씨는 맑음		농업활동명	허브 수확하고 스머지스틱 만들기
개요		허브를 수확하고 스머지스틱을 만드는 활동을 통해 갱년기 여성의 우울감 감소와 기분상태 향상에 기여하는 치유농업 프로그램			
날짜		2023.10.21.		장소	고은힐 치유농장
주대상자		우울감을 경험하고 있는 갱년기 여성		확장대상자	비장애 성인
대상자의 주 문제		우울 (원인: 감갱년기 호르몬 불균형 및 역할 변화)			
목적		· 다양한 농업활동을 통한 우울감 감소 · 허브재배와 관리, 수확 후 활용을 통한 기분상태향상(긍정적인 정서함양)			
목표		· 다양한 허브를 수확하여 스머지스틱을 만들 수 있다. · 긍정의 정서를 느끼고 표현할 수 있다. · 행복한 삶의 조건인 즐거운, 적극적, 의미있는 삶의 가치를 설명하고 실천 할 수 있다.			
평가항목 및 평가시기		우울 자가진단표(통합적 한국판 CES-D척도), 한국형 기분상태 척도-사전, 사후 2회 만족도 사후평가			
준비물		허브(로즈마리, 라벤다, 커먼세이지), 꽃가위, 명주실			
운영시간		2시간			

단 계	활동순서	치유적개입	자원활용 및 체험모듈	장소 및 동선	시간	준비 및 유의사항
도 입	인사 나누기	프로그램 동기부여 일반적 주제, 개방형 질문, 인지훈련 적극적 경청-긍정의 정서 느끼기 사회적 지지(수용, 친밀감, 신뢰, 애정)	인지 감성 관계	그린 하우스	20	
	안전교육	정보 제공	인지			
	당일활동 안내 (활동의 목적과 의미 나누기)	긍정의 정서 느끼기 수학을 통한 양육의 기쁨과 성취감 향상 나눔의 실천을 통한 행복한 삶	인지 감성 관계			
전 개	농장의 다양한 허브 관찰하고 수확하기	다양한 소재들을 스스로 선택하기 지금 이 순간의 체험- 적극적인 참여와 몰입으로 유쾌함과 즐거움 경험 오감으로 느끼기, 이완전략, 카타르시스, 감각운동 (즐거운 삶- 긍정의 정서 느끼기)	감각 행동	해바라기 커뮤니티 가든	30	
	스머지스틱 유래설명하고 스머지스틱만들기	추구하는 활동에 열정적으로 참여하고 올 입- 강점과 잠재력, 창의성을 발휘하여 창작물 완성하기 (적극적인 삶-열정적/ 충실한 삶	인지 행동	그린 하우스	30	
	스머지스틱을 만들어 선울 하기	가족이나 이웃에게 선물하기 (의미/가치 있는 삶) 사회적 기술. 회상기법	감성			
정 리	주변 정리하기		행동	그린 하우스	20	
	활동소감 나누기	작품에 대한 자신의 긍정적 정서 나누기 감사의 표현하기	관계			
	다음차시 활동 안내하기	정보 제공	인지			

장소구분	☐ 실내 ☐ 실외 ■ 실내외	계절	☐ 봄 ☐ 여름 ■ 가을 ☐ 겨울
기타			

치유농업 프로그램 단위활동계획서 (현실치료, 의사소통, 치유농업 실행기법, 체험모듈)

프로그램 (단위활동명)	씨앗 청년이 깨어나는 날		농업활동명	씨앗 심기
개요	씨앗 심기 활동을 통해 청년장기실업자의 자기존중감과 대인기피증 완화를 위한 치유농업 프로그램			
날짜	2023.10.21		장소	고은힐 치유농장
주대상자	청년 장기실업자		확장대상자	성인
대상자의 주 문제	낮은 자기존중감, 대인기피증 (원인: 고학력화, 글로벌 경제위기, 노동시장 분단문제)			
목적	• 다양한 농업활동을 통한 자아존중감 향상 • 키친가든 식물재배와 관리, 수확 후 활용을 통한 대인관계능력 향상			
목표	• 씨앗 파종을 완료할 수 있다. • 씨앗의 구성요소에 비유할 수 있는 내 안의 행복자원을 활동지에 작성할 수 있다. • 작성한 활동지로 내 안에 행복자원을 말로 표현할 수 있다.			
평가항목 및 평가시기	자아존중감 척도, 대인관계변화척도 사전.사후평가 만족도 사후평가			
준비물	씨앗, 모종삽, 이름표, 물조리개			
운영시간	100분			

단계	활동순서	치유적개입	자원활용 및 체험모듈	장소 및 동선	시간	준비 및 유의사항
도입	인사 나누기	프로그램 동기부여 일반적 주제, 개방형 질문, 인지훈련 적극적 경청–긍정의 정서 느끼기 사회적 지지(수용, 친밀감, 신뢰, 애정) 인지훈련	인지 감각 감성	그린 하우스	20	
	안전교육	정보 제공	인지			
	당일활동 안내 (활동의 목적과 의미 나누기)	사회적 지지(수용, 친밀감, 신뢰, 애정) 즐거움의 욕구	인지 감성 관계			
전개	씨앗 관찰하고 씨앗 파종하기	현재 행동에 초점 맞추기(행복자원 탐색) 자아존중감 감각운동 생물학적 요인과 심리학적 요인의 통합 생존 및 생식의 욕구 씨앗자유선택 시 자유의 욕구 팀작업으로 함께 활동시 사랑과 소속의 욕구 팀의 리더를 뽑아 활동 시 힘의 욕구	감각 인지 행동	해바라기 커뮤니티 가든	60	
	파종 후에 물주고 이름표 꽂기	생명의 돌봄과 양육 감각운동 생존 및 생식의 욕구 즐거움의 욕구 사랑과 소속의 욕구	인지 행동 감성 관계			
정리	주변 정리하기		행동	그린 하우스	20	
	활동소감 나누기	사회적 지지(수용, 친밀감, 신뢰, 애정) 소감 나누기 발표시 자유의 욕구	관계			
	다음차 시 활동 안내하기	정보 제공	인지			

장소구분	☐ 실내 ■ 실외 ☐ 실내외	계절	■ 봄 ☐ 여름 ☐ 가을 ☐ 겨울
기타			

2024년 장문서술형 대비 - 치유농업 프로그램 단위활동계획서
[합리적 정서치료 기반]

치유농업 프로그램 단위활동계획서
(합리적 정서행동치료, 의사소통, 치유농업 실행기법, 체험모듈)

프로그램 (단위활동명)	흙 비빔밥은 누가 먹을까?		농업활동명	틀밭에 꽃 모종심기
개요	틀밭에 꽃모종 심기 활동을 통하여 참여한 다문화아동들의 대인관계와 자아존중감 향상에 기여하는 치유농업			
날짜	2023.10.21 토 10:00~12:00		장소	고은힐 치유농장
주대상자	다문화가정 초등학생		확장대상자	일반 아동
대상자의 주 문제	원만하지 못한 대인관계, 낮은 자아존중감 (원인:부모간의 서로 다른 풍습과 문화적 차이, 부모와의 상호작용 부재, 사회적 편견)			
목적	• 다양한 농업활동을 통한 자기표현행동과 자아존중감 향상 • 키친가든 식물재배와 관리, 수확 후 활용을 통한 대인관계능력 향상			
목표	• 꽃모종을 심을 수 있다. • 꽃모종을 심으면서 합리적인 사고와 행동을 실천할 수 있다.			
평가항목 및 평가시기	자아존중감 척도, 대인관계변화척도 사전,사후평가 만족도 사후평가			
준비물	꽃모종, 상토, 마사토, 부엽토, 모종삽, 팻말이름표			
운영시간	100분			

단계	활동순서		치유적개입	자원활용 및 체험모듈	장소 및 동선	시간	준비 및 유의사항
도입	인사 나누기 애칭 짓기 한 주간 이야기 나누기		프로그램 동기부여 일반적 주제, 개방형 질문, 인지훈련 적극적 경청-긍정의 정서 느끼기 사회적 지지(수용, 친밀감, 신뢰, 애정)	감각 감성	그린 하우스	20	
	안전교육		정보 제공	인지			
	당일활동안내 (활동의 목적과 의미 나누기)		명료화, 감정의 반영	인지 감성 관계			
전개	틀밭 토양재료 관찰하고 선택하여 넣기		인지적 기법(암시와 자기암시, 대안 제시) 정서적 기법(무조건적 수용, 합리적 정서상상)	감각 인지 행동	해바라기 커뮤니티 가든	60	
	꽃모종 심고 팻말작업 후에 물주기		행동적기법(유관조건 관리, 기술훈련)	인지 행동 관계			
정리	주변 정리하기			행동	그린 하우스	20	
	활동소감 나누기		사회적 지지(수용,친밀감,신뢰,애정) 일치적의사소통	관계			
	다음차 시 활동 안내하기		정보 제공	인지			

장소구분	☐ 실내 ■ 실외 ☐ 실내외	계절	■ 봄 ☐ 여름 ☐ 가을 ☐ 겨울
기타			

▨ 참고문헌

- 김진이, "치유농업 육성 및 활성화 방안", 광주전남연구원, 2018.3

- 농촌진흥청, 2급 치유농업사 양성교육 길라잡이, 2024.1

- 전성군·박상식 공저, "치유농업사 300(비매품)", 모아북스, 2022.3

- 조록환·전성군 공저, "개정판 치유농업사 천제", 대구한의대학교출판부, 2024.2

- 조록환·전성군 공저, "치유산업경제론", 한국학술정보, 2022.10

- https://blog.naver.com/dongnenongbu(동네농부)

- Fridgen, J.D.(1991). Dimensions of Tourism Educational Institute of the Howard, J.A. & Sheth, J.N.(1969). The Theory of Buyer Behavior. New York : John Willey & Sons. 145

▨ 알 림 ▨

본 『필승 치유농업사 500제』를 구매한 독자께서는
다음 메일로 연락주시면 문제집의 답안지를 댁으로
보내드립니다.

● 연락 메일 : tryjolh@naver.com
● 서비스 대상 : 『필승 치유농업사 500제』 문제집
　　　　　　　 구입자에 한함.

필승
치유농업사
500제

초판 1쇄 발행 ┃ 2024년 9월 1일

저자 ┃ 조록환·전성군·김학성 공저

발행인 ┃ 이인구
편집·디자인 ┃ 손정미

종이 ┃ 영은페이퍼(주)
출력·인쇄 ┃ (주)조은피앤피
제본 ┃ 민성바인텍

펴낸곳 ┃ 한문화사
주소 ┃ 경기도 고양시 일산서구 강선로 9
전화 ┃ 070-8269-0860
팩스 ┃ 031-913-0867
전자우편 ┃ hanok21@naver.com
출판등록번호 ┃ 제 410-2010-000002호

© 조록환·전성군·김학성, 2024

ISBN 978-89-94997-55-1(13520)
정가 25,000원